A GENERAL THEORY OF SKIN BEAUTY

피부미용학총론

구민사

저자 소개

김남연

중앙대학교 보건학 석사
한양대학교 보건학 박사
EBS2 피부국가시험 피부학 방송강사 역임
KBS 생생정보 -「두피관리법」 미용전문가 의견 및 시연 방송출연
현) 디지털 서울문화예술대학교 토탈미용예술학과 학과장
디지털 서울문화예술대학교 대외협력처장
디지털 서울문화예술대학교 총장배 전국 미용경진대회 대회장
피부국가시험 실기시험 감독

피부미용학총론

초판 인쇄 | 2023년 3월 1일
초판 발행 | 2023년 3월 10일

저 자 | 김남연
발행인 | 조규백
발행처 | 도서출판 구민사
(07293) 서울특별시 영등포구 문래북로 116, 604호(문래동3가 46, 트리플렉스)
전 화 | (02) 701-7421(~2)
팩 스 | (02) 3273-9642
홈페이지 | www.kuhminsa.co.kr
신고번호 | 제2012-000055호(1980년 2월 4일)
I S B N | 979-11-6875-223-8(93590)

값 22,000원

머리말

PREFACE

현대사회에서 삶의 질이 높아질수록 미용과 관련한 산업수요는 늘어가고 있으며, 남녀를 불문하고 피부미용에 관련된 뷰티관리(피부관리, 비만관리, 스파, 왁싱 등)에 관심을 쏟고 있습니다. 최근에는 젊은층에서 더욱 적극적인 소비가 이뤄지고 있기 때문에 피부미용학의 발전가능성이 앞으로도 매우 크다고 볼 수 있습니다.

피부미용을 전공하는 대학이나 학원에서도 취업 준비를 위해 실기 중심의 교육만으로는 현장에서 고객들에게 전문적인 상담이 어렵다는 것을 알고 있으며, 체계적인 이론 확립의 필요성을 절감하게 되었습니다.
이러한 점을 반영해서 피부미용에 대한 전반적인 실무이론들을 숙지하여 피부미용전문가로서 인정받을 수 있도록 피부미용 학도들에게는 준비서가 될 수 있으며, 경력자들에게는 고객과의 상담을 진행하면서 전문적인 지식이 필요하므로 좀 더 해박하고 체계화된 이론을 갖추그 고객상담 및 관리에 도움을 드리고자 본서를 집필하게 되었습니다.

본서 피부미용학총론은 미용 계열에서 피부미용 전공자 및 현업에 종사하는 전문가들에게 현장 실무에 앞서 피부미용관리에 필요한 기초적인 이론과 실질적인 전문이론까지 심도 있게 정리하였습니다.

미용세부 전공과 상관없이 미용 분야를 전공하는 학생들에게 인체의 기본인 피부에 대해 기본적인 내용을 숙지하는 것은 미용의 가장 기초적인 시작이라 할 수 있으며, 또한 졸업 시 토탈 미용사 면허증을 부여받는 학생들에게 기본 의무교육이라 할 수 있을 것입니다.

아무쪼록 본서가 미용 계열의 학생들이 토탈 미용사 면허증을 부여받는 것에 부합되는 피부미용에 대한 기본기를 갖추고 피부미용 전공자들에게는 전문적인 지식을 갖추는데 자료제공을 하며, 현장 실무자들에게는 다시 한 번 피부미용에 대한 재정리와 이론에 대한 보수교육의 차원으로 널리 이용되기를 바랍니다.

끝으로 본서가 나오기까지 아낌없는 지원과 배려를 해주신 도서출판 구민사 조규백 대표님과 직원 여러분들에게 감사드리며, 본서를 참고하게 될 미용인들과 미용학도들께 깊은 감사의 말씀을 드립니다.

2023년 3월
저자 드림

목차

CONTENTS

CHAPTER 01 피부미용의 역사

01. 서양의 피부미용 2
02. 한국의 피부미용 5

CHAPTER 02 피부미용의 개론

01. 피부미용의 개념 10
02. 피부미용제도 15
03. 피부미용사의 전망 17
04. 피부미용실 관리 20

CHAPTER 03 피부의 구조와 기능

01. 피부의 구성물질 24
02. 피부의 구조 25
03. 피부 부속기관 33

CHAPTER 04 피부장애와 질환

01. 피부장애 44
02. 피부질환 50

CHAPTER 05 피부관리 위생

01. 피부관리실의 위생 60
02. 감염요소 60
03. 감염원인과 경로 63
04. 피부관리실의 위생관리 70

CHAPTER 06 피부와 태양광선

01. 일광 74
02. 광선의 분류 75

CHAPTER 07 피부 유형별 특성

01. 정상피부(중성) 90
02. 건성피부 91
03. 지성피부 94
04. 복합성 피부 96
05. 민감성 피부 98
06. 모세혈관 확장 피부 100
07. 여드름 피부 102
08. 노화피부 106
09. 색소침착 피부 108

CHAPTER 08 피부상담 및 피부관리 절차

01. 피부 유형의 특징 및 관리 114
02. 피부관리 순서 120

CHAPTER 09 피부실전관리

01. 살롱관리 128
02. 피부미용관리 관점 129
03. 클렌징 단계 129
04. 마사지 136
05. 팩과 마스크 139
06. 앰플관리 145

CHAPTER 10 제모 및 전신관리

01. 제모 148
02. 영구적 제모 150
03. 일시적 제모 151
04. 전신관리 154
05. 선탠관리 158

CHAPTER 11 피부미용 기기

01. 피부 기본관리 기기 164
02. 전신관리 기기 170

CHAPTER 12 해부생리학

01. 세포 176
02. 조직 179
03. 기관 182
04. 계통 186

CHAPTER 13 피부와 건강 & 식생활

01. 건강한 삶의 개념 202
02. 피부와 내장기관 205
03. 한국인을 위한 식생활 지침 207
04. 각 영양소의 기능과 종류 211
05. 피부와 영양과의 관계 215

Chapter

01

피부미용의 역사

1. 서양의 피부미용
2. 한국의 피부미용

CHAPTER

01 피부미용의 역사

피부미용의 기원은 고대문명에서부터 찾아볼 수 있다. 주로 고대의 문헌이나 벽화, 유물 등의 문화유산을 통해 피부미용 방법으로의 활용 방법을 알 수 있다. 지금의 화장품과는 차이가 있지만 화장품의 대안으로 사용해온 것을 확인할 수가 있으며, 시대별 사용경향은 다음과 같다.

1 서양의 피부미용

1) 이집트

이집트 시대에는 청결을 효과적인 미용법으로 생각하여 체계적인 목욕법을 만들었다. 목욕법, 건강법, 오일마사지, 향수 세척법, 호흡법, 체조, 안마 등이 이집트 시대부터 있었으며, 오늘날 이용 방법의 기초가 되었다.

① 고대미용의 발상지로 대부분 종교와 관련되어 미용이 발달하게 되었다(종교의식과 함께 정화의식으로 행해지거나, 고인을 매장할 때도 향유를 사용).
② 사막의 강한 햇빛과 모래, 벌레로부터 피부를 보호하기 위한 수단으로 이용하였다.
③ 화장법에 있어 백납을 사용하고, 피부관리를 위해 올리브 오일과 진흙을 사용하였다(클레오파트라는 나귀우유와 진흙을 사용하여 목욕).

2) 그리스

그리스 시대에는 식이요법, 목욕, 운동, 마사지로 신체관리를 추구하였으며, 일상생활화 하였다. 일반 여성들은 기초화장 외에 화장을 하지 않았으나, 매춘부들은 짙은 화장을 하였다.

① 건강한 정신은 신체에서 비롯된다고 생각하여 건강한 신체를 만들고자 추구하였다.
② 목욕문화 발달 및 천연향과 오일을 이용한 마사지 요법(천연오일 사용 마사지법)이 성행하였다. 또한 일광욕, 증기욕, 냉수욕, 온수욕, 약물목욕 등이 성행하였다.
③ 화장품과 화장술은 학문적 원리에 기초를 둔 의학적인 보호 수단으로서 사용되었으며, 식이요법, 마사지, 목욕 등에 관심이 많았다.

3) 로마

로마 시대에는 향수, 오일, 화장이 생활의 필수품으로 사용되었고, 그리스인의 정신을 이어받아 몸의 청결을 중요시하였으며, 스팀미용법, 냉수욕, 약물욕 등 다양한 목욕법이 발달하였다(공중목욕문화 발달).

① 남녀 모두 피부미용에 관심이 많았으며, 희고 아름다운 피부를 가꾸기 위해 노력하였다.
   ㉠ 얼굴과 목, 어깨, 팔에 백납분을 발랐다.
   ㉡ 피부를 희고 부드럽게 하기 위해 나귀의 우유로 세안을 하였고, 레몬 등의 과일산 등을 이용하여 각질과 피지관리를 하였다.
   ㉢ 밀가루, 옥수수, 우유, 버터 등을 혼합하여 마사지를 하였다.
② 의사인 갈렌(Garen, AD 130~200)에 의해 화장품 제조(콜드크림의 원형인 시원해지는 연고를 제조)에 관한 처방전도 남겼다.

4) 중세

① 종교적 영향으로 금욕주의 사상에 의해 화장보다는 피부관리에 중점을 두었다(화장품 사용 등 얼굴과 신체의 미용행위가 금지됨).
② 약초미용법이 개발되고 스팀요법이 처음 활용되었다(현대 아로마 요법의 기초가 되는 시기로 여러 약초를 끓인 물을 이용). 보리수 꽃, 로즈마리, 사르비아, 회향 등의 약초를 끓는 물에 넣어 사용하였다.

5) 르네상스

르네상스 시대에는 얼굴은 정제된 화장수로 관리하였으며, 화장수는 알코올, 약초추출물, 우유, 꿀을 혼합하여 만들었다.

① 십자군 전쟁 이후 동양 문물을 접하게 되고 향장산업이 발전하게 되었다.
② 남녀 모두 외모에 신경을 많이 쓴 반면 위생관념이 없어 악취가 났다. 향수문화가 발달하게 된 계기가 마련되었다.
③ 희고 창백한 피부를 선호하여 분화장이 유행하였고, 피부관리를 위해 화장수가 사용되었다.

6) 근세(19세기)

① 위생과 청결이 중요시되어 비누 사용이 보편화되었다.
② 화장품이 대량생산되고 대중화(클렌징크림 개발)되었다.
③ 훗페란트에 의해 마사지와 운동요법이 강조되었다.

7) 현대(20세기 이후)

① 화장품의 종류가 다양해지고 대량생산으로 대중화되었다.
② 1901년 마사지크림이 개발되어 대중화되었다.
③ 1930년 호르몬 함유 화장품이 개발되었지만 부작용 유발로 대중화되지는 못하였다.
④ 1947년 프랑스의 바렛교수가 전기적 또는 기계적인 방법으로 피부에 영양물질을 침투시키면 깊숙이 작용하여 신진대사 등에 영향을 미치는 것을 증명하여 전기 피부미용의 토대를 만들었다. 이로 인해 생화학, 생리학, 전기학 등의 과학기술을 이용한 피부미용기술이 발전되었다.

2 한국의 피부미용

단군신화에서도 아름다운 피부의 염원을 발견할 수가 있는데, 인간이 되고자 하는 곰과 호랑이에게 100일 동안 동굴 속에서 쑥과 마늘을 먹게 한 것은 고대사회의 지배층이 백색 피부를 선호하는 경향이 두드러짐을 알 수 있다(흰 피부로 변신하기 위한 주술이라 해석하였으나, 실제로 쑥과 마늘은 미백 효과가 우수하다).

1) 시대별 분류

(1) 고조선

① 단군신화에 한민족의 첫 거주지가 향나무인 박달나무 근처였다는 기록을 통해 향과 향료를 중요시 여겼음을 알 수 있다.

② 돼지기름을 사용하여 피부보호 및 동상을 예방하였다.

③ 오줌 사용을 이용하여 피부 미백 효과(말갈인)를 얻고자 하였다. 한반도 주변 거주민들이 피부보호와 피부미용에 관심이 있었다는 증거라 할 수 있다.

(2) 삼국시대

삼국시대에는 미용법에 관한 유물들과 기록이 잘 남겨져 있다.

① 고구려

㉠ 수산리 벽화와 쌍영총 고분벽화를 통해 귀부인들이 머리를 곱게 빗고, 눈썹은 짧고 뺨에 연지화장을 하고 있으며, 무인들도 머리카락을 뒤로 틀고 연지를 이마에 바르고 금당으로 머리를 꾸민 것으로 보아 신분과 빈부의 구별 없이 치장을 하였음을 알 수 있다.

② 백제

㉠ 일본서기 및 삼재도회에는 일본이 백제로부터 화장품 제조기술을 배워갔다는 기록이 있다(진보된 미용기술 보유).

㉡ 백제인들은 엷은 화장을 하였다는 기록이 있다.

③ 신라

㉠ 신라시대에는 아름다운 육체에 아름다운 정신이 깃든다는 영육일치사상이 강조되었다.

㉡ 화랑들도 여성 못지 않은 화장과 장식을 하였다.

㉢ 꽃으로 연지를 만들어 이마와 뺨, 입술에 바르고 백분 외에 산단(백합꽃의 붉은 수술)으로 색분을 만들어 사용하였다.

㉣ 신라를 비롯하여 고구려와 백제에 불교가 전래되어 널리 신봉되었다.

㉤ 청정·청결이 강조되어 목욕이 대중화되었다.

㉥ 쌀겨와 같은 목욕용품이 발달하였다.

㉦ 서민층들은 팥, 녹두, 콩껍질 등으로 만든 원시비누(조두)를 사용하였다. 날 비린내가 몸에 배어 이를 가시게 하기 위하여 향수, 향료를 애용하였다.

(3) 고려 시대

① 청결관념이 더욱 강조되었다.

② 깨끗하고 흰피부로 가꾸기 위해 목욕과 여러 가지 미용법이 발전되었다.

③ 부유층 갓난아기는 목욕 시 복숭아 꽃물을 사용하였다.

④ 여인들은 난초를 넣어 삶은 난탕에서 목욕을 하였다(피부의 유연함과 향취 유지).

⑤ 안면용 화장품으로 면약을 사용(남녀 모두 사용, 손과 얼굴 사용, 피부보호제와 미백제)하였다.

(4) 조선 시대

① 조선 초기 지배층은 고려 시대의 사치와 퇴폐풍조에 대한 반작용으로 근검, 절약을 강조하였다.

② 일반인들은 평상시 짙은 화장보다 티없이 부드러운 흰피부를 강조하였다.

③ 선조 때에는 화장수가 제조 · 판매되었다.

④ 피부의 청결을 중시하였으며 사대부 부유층에서는 난탕, 삼탕에 목욕하는 것을 즐겼다.

⑤ 부분 목욕발달이 조선 시대에는 발달되어 개인 전용의 세수대야 문화가 정착되었다.

⑥ 세제 종류가 다양해져서 머리를 감기 위한 액체세제, 세안을 위한 가루세제 등 용도에 따라 편리하도록 세제의 형태도 달리 하였다.

⑦ 피부를 가꾸기 위한 미안수(화장수), 미안법(팩)을 활용하였다.

⑧ 규합총서를 통해 몸을 향기롭게 하는 법, 머리카락이 검고 윤기나게 하는 법, 목욕법 등 미용습관과 미용도구, 미용재료, 미용법 등을 알 수 있다.

(5) 개화기의 화장품과 신화장

① 수입화장품이 빠르게 확장되었다.

② 주로 크림, 백분, 비누, 향수 등의 화장품들을 이용하였다.

③ 수입화장품의 인기로 우리나라 화장품의 산업화를 촉진시키는 자극제 역할을 하게 되었다.

④ 1916년 : 가내 수공업 규모로 제조된 박가분이 전국적인 인기를 끌었다(외제 백분보다 품질이 다소 떨어졌지만 재래 백분보다는 혁신적인 상품).

⑤ 1920년 : 동아부인상회에서 제조 발매한 '연부액', '겨울연부액'과 조선부인약방의 '금강액'과 '유백금강액' 등 여드름과 미백 효과의 복합기능이 강조된 제품이 선보이게 되었다.

⑥ 1945년 : 해방 이후 생산된 콜드크림은 만능크림으로 불리면서 피부관리에 다양하게 활용하였다.

⑦ 1960년대 : 화장품 산업이 본격화되었으며, 기초화장품의 종류가 다양해졌고, 화장품 산업이 발전하였다.

⑧ 1980년대 : 피부관리 개념이 도입되어 피부보습을 강조하였고, 피부의 자극을 최소화하는데 중점을 두었다.

⑨ 1990년대 : 자연성 화장품이 대거 등장하게 되었고, 피부관리 방법에도 자연요법이 중요시되었다.

Chapter

02

피부미용의 개론

1. 피부미용의 개념
2. 피부미용제도
3. 피부미용사의 전망
4. 피부미용실 관리

CHAPTER 02

피부미용의 개론

1 피부미용의 개념

피부미용은 두피를 제외한 얼굴과 신체의 근육 및 피부에 기술을 행하여 영양을 공급하고, 피부의 생리기능을 높여 건강한 피부를 유지시켜 주는 것을 말한다. 또한 미용 상의 문제점을 핸드 테크닉 및 피부관리 기기를 사용하여 해소하고, 피부와 신체를 아름답게 가꾸는 전신미용술을 의미한다.

세계 여러 나라의 피부미용 용어는 다음과 같다.

- 독일 : Kosmetik
- 영국 : Cosmetic
- 미국 : Skin Care, Esthetic, Aesthetic
- 프랑스 : Esthetique
- 일본 : 에스테

1) 피부관리의 중요성

① 현대문명의 급속한 발전과 생활수준의 향상으로 현대인들의 생활태도와 환경을 근본적으로 변화시켰다.
② 질병에 따른 치료중심에서 건강유지 및 예방하는 차원으로 발전되었다.
③ 피부의 건강상태는 개인의 라이프스타일에 의해 크게 영향을 받게 된다.

2) 피부미용의 기능

(1) 외면미용

건강하고 아름다운 피부를 유지하기 위하여 화장품, 피부관리 기기, 물리적 수기 방법 등을 통한 미용관리법이다.

(2) 내면미용

① 피부는 내장의 거울이다.

② 건강한 신체를 유지하기 위하여 균형있는 식생활과 운동 요법 등을 통한 미용관리법이다.

(3) 정신미용

스트레스 해소와 정신적 이완 효과를 갖기 위하여 고객상담 및 오감 요법을 이용한 미용관리법이다.

3) 피부미용의 영역

(1) 수단별 영역

① Bio esthetic : 생체 리듬을 이용한 피부미용

② Electro esthetic : 미용기기를 이용한 피부미용

③ Manual esthetic : 수기 요법을 이용한 피부미용

(2) 내용별 영역

① 안면관리

㉠ 피부의 상태를 분석하고 그에 맞는 화장품, 수기 요법, 기기 등을 활용하여 건강하고 아름다운 피부를 유지하기 위하여 관리하는 것이다.

㉡ 일반관리와 특수관리로 나뉜다.

② 전신관리

㉠ 신체의 이완효과와 균형있는 체형 유지를 위하여 제품, 기기, 동·서양의 수기 방법 및 특수요법 등을 이용하여 관리하는 것을 말한다.

㉡ 관리목적에 따라 전신관리, 체형관리, 스파관리, 탈라소테라피(해양요법), 아로마 테라피 등으로 나눌 수 있다.

③ 제모 : 신체의 외관상의 미적 효과를 증대하기 위해 불필요한 털을 다양한 제모 방법으로 관리하는 것이다.

④ 네일과 페디큐어 : 손·발 부위의 보습 및 보호 작용을 목적으로 마사지, 파라핀과 같은 팩제를 활용한 손 · 발관리 및 손·발톱의 미적 효과를 얻고자 시행하는 네일아트 등이 포함된다.

⑤ 메이크업 : 얼굴의 결점을 수정 · 보완하고, 다양한 색조 표현으로 미적 조형효과를 얻을 수 있는 영역이다.

⑥ 미용상담

㉠ 피부환경, 생활환경, 생활습관 등의 요인들을 상담 · 분석하여 효율적인 피부관리 방안을 제시한다.

㉡ 가정에서의 피부관리 방법에 관한 조언 및 개인의 외형적 또는 내적인 이미지 형성에 조언을 해주는 업무영역이다.

⑦ 화장품판매 : 고객의 피부 유형에 적합한 화장품의 선택 및 올바른 사용이 가능하도록 조언하여 판매하고, 그에 따른 사후 서비스를 하는 업무 영역이다.

4) 피부미용의 기술적 목적

① 세안(cleansing)
② 자극(stimulation)
③ 침투(penetration)
④ 보호(protection)

5) 피부관리 업무 영역

수단별로 보면 생체 리듬에 따른 수기 요법과 미용기기를 이용하여 관련 화장품을 적용시켜 안면 및 전신관리와 제모관리 및 미용상담과 제품판매의 전문적 업무 영역이다.

6) 피부미용사의 조건

현대인의 직업 개념은 건강하고 보람있게 생활하며, 사회가 필요로 하는 가치 있는 존재가 되는 것이다.

인정받는 피부관리사가 되기 위해서는 인간성, 전문성, 신뢰성이 바탕이 되어야 하며, 이러한 조건을 겸비하기 위해 끊임없는 노력이 요구되며, 다음과 같은 조건이 필요하다.

(1) 피부관리를 위한 습득 학문

피부관리는 피부과학에 대한 기초적 지식 외에 해부생리학 및 화학, 피부관리학, 심리학, 영양학, 소독 및 전염병학, 공중보건학, 기기관리학, 미용경영학, 화장품학 등 과학적이고 폭넓은 지식을 바탕으로 고객의 욕구에 부흥하는 실기능력을 갖추도록 한다.

(2) 피부관리사로서 갖추어야 할 소양

첫째, 피부미용의 전문적 기술을 실행하기 위하여 피부미용 관련 이론 지식과 기술에 대한 전문 실기능력을 갖추어야 한다.

둘째, 원만한 인간관계 및 태도 · 윤리 · 용모 · 위생 · 건강 · 인성 등에 대한 전문가다운 자세와 서비스정신과 책임의식이 뒤따라야 한다.

셋째, 새로운 지식에 대한 탐구심과 인내심 및 협동심이 요구되어 피부미용에 대한 자긍심을 갖고 언제나 노력하는 자세가 필수적 조건이다.

넷째, 국가공인 자격을 취득하여 여러 관련 학회나 협회를 통한 재교육의 기회를 활용하여 끊임없이 연구하여 자신의 능력 향상에 게을리하지 않아야 한다.

(3) 지식

① 미학, 색채학, 예술론 등의 미에 관한 지식

② 고객관리 및 상담기법의 전문지식

③ 피부미용의 이론적 배경 및 전문지식

④ 고객관리 방안 및 기술의 과학적 원리

⑤ 관리 트렌드 및 새로운 기술에 대한 정보 습득

(4) 피부관리사로서의 능력

① 고급화된 기술

② 풍부한 경력

③ 신용

④ 독창성

⑤ 감성

(5) 인상

① 외형 : 복장, 체형, 모발 형태, 화장

② 표정 : 웃는 표정

③ 태도 : 동작, 자세, 말씨

(6) 인품

① 회화 : 인사, 대답, 말의 습관

② 성격 : 밝기, 친근감, 적극성

③ 배려 : 마음씀씀이, 호감, 친절함

(7) 개인건강

① 청결 : 외모 단정, 청결한 복장, 체취 주의, 신체 및 손과 손톱의 청결

② 구강위생 : 구강 청결제 사용, 마스크 착용

③ 자세 : 피로를 최소화할 수 있는 안정된 자세

④ 운동 : 도보 운동

⑤ 휴식 : 정신적 · 육체적 피로 감소

⑥ 수면 : 7~8시간 정도

⑦ 균형 있는 식이요법
⑧ 건강한 마음

(8) 기타 세부지침

① 모든 고객을 차별하지 않고 평등하게 대하도록 한다.
② 감정 컨트롤을 하여 항상 미소 띤 얼굴로 친절하도록 한다.
③ 의복을 청결하게 하고, 예의를 갖추어 고객을 여우하도록 한다.
④ 고객과 대화 시 주제를 잘 선별하고, 제 3자의 개인 사생활에 대해 얘기하지 않도록 한다.
⑤ 장비 및 도구와 손은 관리 전 위생처리한다.
⑥ 1회용품은 손님 1인에 한하여 사용한다.

2 피부미용제도

1) 국내 피부미용사 자격제도 신설 배경 및 필요성

(1) 국가산업의 변화와 세계적 추세

피부미용 업무는 공중위생 분야로서 국민의 건강과 즈결되어 있는 중요한 분야로, 향후 국가의 산업구조가 제조업에서 서비스업 중심으로 전환되는 차원에서 수요가 증대되고 있다. 하지만 미용업 분야의 경우 헤어, 피부미용, 화장 등 분야별로 세분화되고 있는 세계적 추세에 따라가지 못하고 있는 실정이다.

(2) 전문인력 양성의 필요성

피부미용의 경우 국가가 제도적으로 뒷받침하지 못하고 있어 전문화가 뒤처지고 있으므로, 기존의 미용사 국가자격을 일반미용사와 피부미용사로 구분하여 피부미용의 전문성을 인정함으로써 피부미용 분야 전문인력을 양성하고, 국민의 보건과 건강을 보호하자는 취지이다.

(3) 피부미용사의 업무

피부미용상의 업무는 피부관리를 위한 정보수집과 홍보 및 고객관리 등의 운영관리 업무와 일반피부관리, 특수피부관리, 메이크업, 손관리, 발관리, 이미지 메이크업에 대한 조언, 전신피부관리, 제모, 눈썹 손질 등 고객 서비스 업무로 크게 나뉜다.

2) 활동 분야

(1) 피부미용 산업체(제품회사 및 피부미용실) 경영자 및 매니저 혹은 직원
(2) 관련성 있는 의료기관의 피부미용 분야 업무와 제품 판매 활동
(3) 관련된 여러 교육기관에서 교육지도자 : 학원, 문화센터, 기술고등학교, 상업고등학교(미용과), 대학강사
(4) 관련된 언론매체 업체와 웨딩 전문업체 및 이벤트업체 직원
  ① 뷰티 컨설팅과 뷰티 코디네이터로 활동
  ② 피부관리사
  ③ 피부관리실 매니저
  ④ 기타 : 미용 관련 잡지, 컨설팅, 이벤트 상담자 등

3) 피부미용사 시험제도 안내

(1) 검정기준

고객과의 상담을 통해 피부상태를 분석하고, 쾌적하고 위생적인 환경에서 질병 상태가 아닌 피부를 대상으로 물리 · 화학적 방법을 이용하여 미용관리 서비스를 제공하며, 피부관리 업무수행을 위해 기획 · 관리할 수 있는 능력의 유무를 검정한다.

(2) 주관 : 노동부

(3) 시행 : 한국산업인력공단(www.hrdkorea.or.kr)

(4) 응시자격 : 제한 없음

(5) 시험과목

구분	시험과목	시험형태
필기시험	1. 피부미용학 2. 피부학 및 해부생리학 3. 피부미용기기학 4. 화장품학 5. 공중위생관리학	객관식 (60문제~1시간)
실기시험	피부미용실무	얼굴관리 전신관리

(6) 합격자 결정

① 필기시험 : 100점 만점에 60점 이상

② 실기시험 : 작업형

3 피부미용사의 전망

1) 피부미용사의 전망

① 삶의 질이 우선시 되고 있는 사회의 트렌드에 맞추어 젊고 아름다운 피부를 유지하려는 인구가 부쩍 늘어나고 있다.

② 계절이나 경기를 타지 않고, 남성들의 피부 관심도 높아지고 있다.

③ 창업 및 프리랜서로 활동하여 고소득을 올릴 수 있는 전문직종이다.

2) 자격증 취득 후의 진로

창업	취업
미용실 내 피부관리실, 피부관리실, 각종 피부 관련 업체, 네일전문점, 체형관리사, 화장품 및 뷰티 관련 전문업체	◦ 미용 분야 : 미용실, 피부관리실, 화장품 회사, 체형관리사 등 ◦ 교육, 의료 분야 : 미용문화센터, 미용 관련 복지관, 특수목적고, 피부과, 산후조리원 부설 피부관리실, 학원강사, 대학강사 등 ◦ 예술 분야 : 방송국, 영화사, 이벤트사, 광고사, 연예인 기획사 등 ◦ 패션 분야 : 백화점, 패션기획, 패션코디네이터, 웨딩숍, 패션스타일리스트, 패션나레이터, 샵마스터 등 ◦ 프리랜서 : 개별 독립 활동

3) 외국의 피부미용제도

유럽의 경우 피부관리실이 훨씬 대중화되었다. 주요 업무는 스킨케어, 제모, 바디케어, 메이크업 등이다. 외국의 경우에는 각 나라의 여건에 맞게 피부관리사 제도가 정립되어 있으며, 사회적 지위와 신뢰도가 높은 편이다.

(1) 프랑스

① 프랑스의 피부미용은 화장품과 함께 발달된 형태이다.

② 화장품 판매 점포에서는 에스테틱 서비스를 받을 수 있는 시설이 마련되어 있다.

③ 피부미용사 자격제도는 1963년 프랑스의 문부성에서 C.A.P(직업교육자격증)제도가 마련되었고, 교육 프로그램이 확립되고 현실화되었다.

(2) 영국

① 영국의 피부미용은 건강을 바탕으로 한 헬스, 전신관리, 피부관리의 토탈개념으로 발전되었다.

② 피부관리사의 자격제도는 피부관리협회에서 시행하며, 피부미용교육 1,600시간을 이수하고(헤어실기, 이론, Body Treatmnet의 실기와 이론, 영구 제모의 실기와 이론), 각 과목당 65점 이상일 경우 피부관리사 자격증을 수여한다.

(3) 독일

① 독일의 피부미용은 프랑스와 마찬가지로 화장품선터와 에스테틱 서비스가 함께 이루어지도록 구성되어 있다.

② 건강과 휴양의 개념에서 온천 등에서도 에스테틱이 발달되었다.

③ 독일의 피부미용교육은 코스메틱학교에서 2년, 1년, 6개월 코스, 이론과 실습 교육 1년에 8회 이상 필기시험과 실기시험을 통과한 후 구두시험에 합격하면 자격증을 취득할 수 있다.

④ 시험 합격 후 1년간의 현장실습 종료 후 시험에 다시 통과해야 개업과 취업이 가능하다.

(4) 일본

① 일반 에스테틱에서부터 피부과 부설 에스테틱, 관광지 내의 에스테틱, 고급형 에스테틱으로 경영 형태에 따라 다양하게 구분된다.

② 피부관리사제도는 에스테틱협회에서 인정하는 피부미용학원에서 3~6개월 과정 동안 600~1,200시간을 이수하면 수료증을 취득할 수 있다.

(5) 미국

① 각 주에서 발행하는 인증서의 형태로 발급받은 주에서만 인정된다.

② 교육시간과 규정은 각 주마다 다르며, 대체적으로 10개월간 1,600시간 정도 이수하여야 하며, 그중 600시간 이상 피부관리 교육과정을 이수해야 한다.

4 피부미용실 관리

1) 피부미용실

(1) 피부관리실 및 도구류 위생

① 진열된 화장품 정돈과 진열장의 먼지를 제거한다.
② 화장실의 세면대와 변기의 소독, 젖은 수건은 매일 끓는 물에 소독한 후 완전히 건조시킨다.
③ 샤워실의 바디제품, 타월, 매트는 항상 청결하게 유지한다.
④ 화장솜, 해면, 면봉 등의 비품들은 1회용을 사용하는 것이 바람직하다.
⑤ 갈바닉 머신, 스킨 스크러버 등의 기계를 사용한 후 부속품은 세제를 푼 미온수로 세척 후 70% 알코올에 소독하고, 자외선 소독기에 보관한다.
⑥ 고객이 사용하는 가운, 침구류의 청결을 유지한다.
⑦ 각종 보울, 팩붓, 스파츌라를 세척한 후 자외선 소독기에 소독한다.

(2) 피부관리실 내부 환경

① 천장의 높이는 적어도 2.5~3m 정도는 되어야 한다.
② 바닥은 청소와 소독이 용이한 재질을 선택하고, 물기가 있을 시 미끄럽지 않도록 한다.
③ 환기장치 및 공기청정기를 설치하여 쾌적한 환경이 되게 한다.
④ 전체적으로 부드럽고 밝은 톤을 유지하고 음악을 틀어서 편안한 분위기를 만든다.
⑤ 실내 분위기를 편안하고 안정된 느낌이 들도록 연출하고, 휴식과 안정을 위해 간접 조명시설을 갖추어야 한다.
⑥ 냉·난방이 잘 갖추어져 있어야 한다.
⑦ 피부미용실 내부의 소음을 흡수할 수 있도록 해야 한다.
⑧ 관리 전후에 친근한 상담을 위한 따뜻한 음료를 준비한다.
⑨ 아로마 램프로 향을 확산시켜 고객의 후각을 자극한다.

(3) 고객을 위한 준비과정

① 고객상담 후 탈의와 가운으로 갈아입는 것을 도와주고, 소지품과 액세서리 등은 개인 물품함에 보관하도록 한다.

② 슬리퍼를 제공하고, 고객을 관리 장소로 모신다.

③ 고객이 관리용 침대 위에 누우면 긴장을 풀도록 하고, 헤어밴드로 머리카락이 나오지 않도록 정돈한다.

④ 가슴에 크림이 묻지 않도록 타월로 감싼 후 이불을 덮어 준다.

⑤ 관리 전 고객 상담카드를 충분히 숙지한 후 고객관리에 들어가며, 고객의 마음이 편안해지도록 분위기를 조성한다.

Chapter

03

피부의 구조와 기능

1. 피부의 구성 물질
2. 피부의 구조
3. 피부의 부속기관

CHAPTER 03 피부의 구조와 기능

1 피부의 구성물질

1) 세포

세포는 생물체를 구성하는 가장 기본적인 단위이다. 일반적으로 생식세포로의 기능을 지니고 있으며, 동화작용에 의한 물질대사를 담당하고, 분비작용을 한다.

세포의 구조는 외층을 이루고 있는 세포막과 세포질 그리고 핵으로 이루어져 있다.

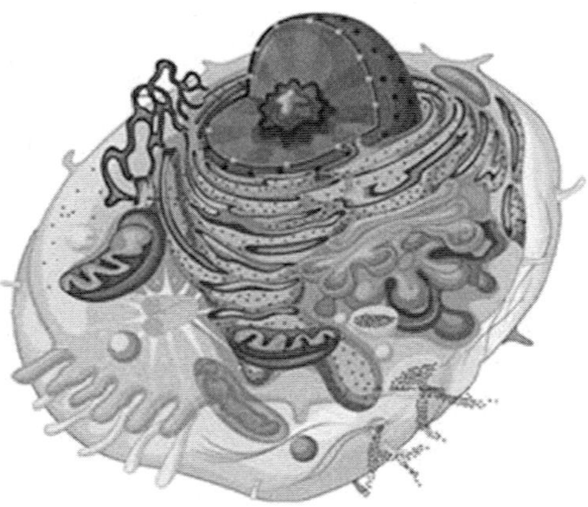

그림 3-1

2) 세포막(cell membrane)

세포막은 세포의 활동에 필요한 물질을 통과시키고, 운반할 뿐만 아니라 불순물을 차단하는 기능을 한다. 조직이나 기관을 형성하기 위하여 결합된 세포들을 인지할 수 있는 능력이 있으며, 내재된 여러 가지 효소들로 일정한 화학적 반응을 나타내기도 한다.

3) 세포질(cytoplasm, protoplasm)

① 사립체(mitochondria)
② 형질 내세망(Endolpasmic Reticulum = ER)
③ 용해소체(lysosome)
④ 분해효소(ribosome)
⑤ 골기체(golgi apparatus)
⑥ 중심체(centrosome)

4) 핵(nucleus)

① 핵인(nucleolus)
② 염색체(chromosome)

2 피부의 구조

피부는 인체를 둘러싼 외피조직으로 내부와 긴밀한 연락기능을 하며, 체중의 약 16%를 차지하는 가장 크고 중요한 기관이다.

피부의 기능은 외부 환경의 물리적·화학적인 각종 자극 등으로부터 민감하게 반응하는 것이다. 또한 인체 보호, 체온 조절, 배설 및 분비기능과 영양물질의 에너지 저장, 면역학적인 기능, 제한된 흡수 등의 중요한 역할을 한다.

피부의 구조는 표피(epidermis), 진피(dermis), 피하지방조직(subcutaneous tissues)으로 구성한다.

1) 표피

① 각질층 : 무핵층, 케라틴으로 채워져 있다.
② 투명층 : 엘라이딘 함유, 손과 발바닥에 존재하고 있다.

③ 과립층 : 각질형성세포가 있다.

④ 유극층 : 유핵층, 표피중 가장 두꺼운 층, 랑게르한스세포가 존재한다.

⑤ 기저층 : 세포분열이 가장 왕성한 층이다.

2) 진피

① 유두층

② 망상층

세포의 기질	교원섬유(콜라겐), 탄력섬유(엘라스틴), 기질

③ 피하지방조직

피부의 부속기관(skin appendage)으로는 피지선(sebacedus gland), 한선(sweat gland)과 같은 외분비선과 표피가 각화한 털(hair), 손톱, 발톱 등이 있다.

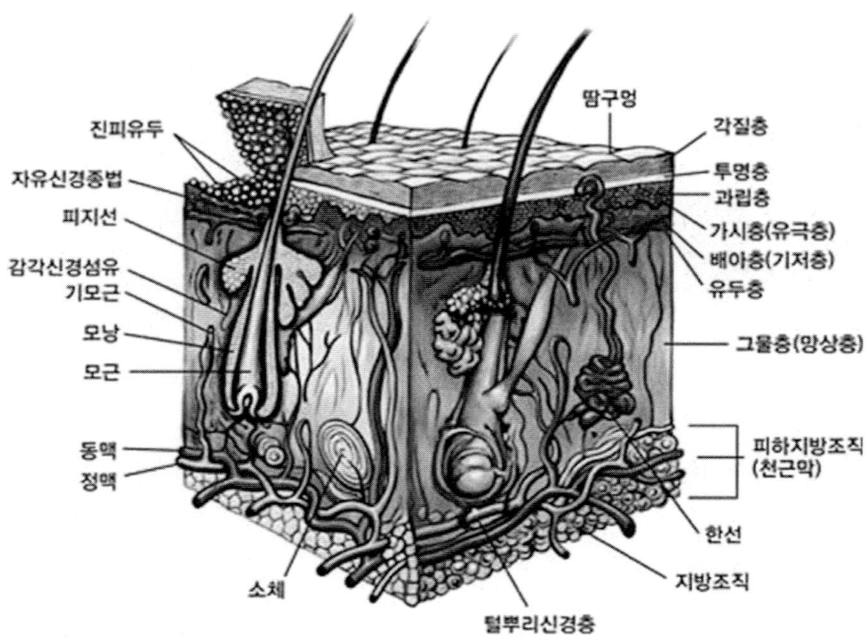

그림 3-2 피부의 구조

3) 표피 구성층

(1) 각질층(stratum corneum)

① 피부의 가장 겉면에 위치하며 생명력이 없는 죽은 세포이다.

② 각질층의 수분 함유 상태는 각질층의 두께를 말해주는 것이다.

③ 수분이 적어지면 각질량이 두꺼워져 피부결이 거칠어지며 피부노화를 촉진한다.

④ 피부를 햇볕이나 건조한 공기에 오래 노출시키지 않고, 크림이나 화장수를 통해 수분함유량을 적절히 유지시키도록 해야 한다.

⑤ 핵이 없는 납작한 각질세포가 겹겹이 싸여있다.

⑥ 영양분이 결핍되면 경화되어 거칠어진다.

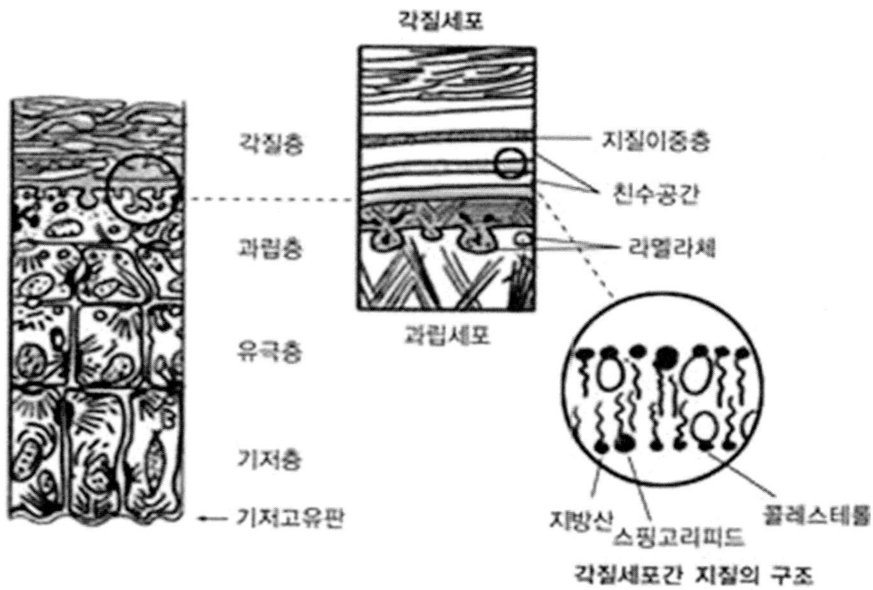

그림 3-3

(2) 투명층(stratum lucidum)

① 무핵세포로 구성되었으며, 주로 손바닥, 발바닥에 존재한다.

② 과립층 바로 위에 위치한다.

③ 엘라이딘(elaidin)이라는 반유동성 물질을 함유하고 있다.

④ 밝고 투명하게 보이며 빛을 굴절시켜 차단하는 특성이 있다.

(3) 과립층(stratum granulosum)

① 유핵과 무핵세포가 함께 존재하며, 각화과정이 시작되는 층이다.

② 2~5개의 방추형 또는 편평한 각질형성세포로 쌓여 이루어져 있다.

③ 케라틴 단백질로 구성된 케라토하이알린 과립이 생성되어 각질층 형성에 참여한다.

④ 피부 내부로부터의 수분 증발 및 외부로부터의 이물질 통과를 저지하여 피부염이나 피부건조를 방지하는 피부 방어 역할을 한다.

(4) 유극층(stratum spinosum)

① 5~10개 층으로 이루어져 표피 중 가장 두꺼운 층이다.

② 살아있는 유핵세포로 구성되어 있다.

③ 다각형의 가시 모양으로 세포 사이를 연결하고 있어 가시층이라고도 한다.

④ 면역을 담당하는 랑게르한스세포(langerhans cell)가 존재한다.

⑤ 림프관이 순환하고 림프액이 있어 피부 영양공급과 혈액순환이 이루어져 피부미용에 중요한 역할을 한다.

(5) 기저층(stratum basale)

① 표피의 가장 아래층에 위치한다.

② 진피와 경계를 이루는 물결 모양의 단층으로 재생층이라고도 한다.

③ 유핵세포이며, 핵분열로 새로운 세포를 생성한다.

④ 모세혈관으로부터 산소와 영양을 공급받아 세포가 분열한다.

⑤ 표피세포의 80~90%를 차지하는 각질형성세포(keratinocyte)와 멜라닌을 만들어 내는 멜라닌세포(melanocyte)를 가지고 있다.

⑥ 촉각인식세포인 머켈세포(merkel cell)가 기저층 부근에 존재하며, 표피에서 촉각을 감지한다.

⑦ 피부 표면의 모습을 결정하는 매우 중요한 역할을 담당하며, 기저층의 세포가 상처를 입으면 세포재생이 되지 않아 흉터를 남길 수 있다.

4) 표피 구성세포

(1) 각질형성세포(keratinocyte)

① 각질이 형성되는 각화과정에서 생긴 세포이다.

② 기저층에서 표피의 바깥부분인 각질층에 올라오기까지 여러 가지의 모양으로 변한다.

③ 각화가 되며, 매일 수백만 개의 세포가 떨어져 나가고 새로운 세포가 생성된다.

(2) 멜라닌세포(melanocyte)

① 멜라닌의 형성세포가 멜라닌을 분비한다.

② 멜라닌의 역할은 유해한 광선에 대하여 빛을 흡수하여 피부를 보호하는 역할을 한다.

③ 피부의 색에 따른 멜라닌 수의 분포는 인종별로 차이가 있다.

④ 흑인은 각질층과 진피층에 거의 모두 산재해 있고, 백인의 경우 기저층 가까이에, 황색인은 표피와 그 중간에 있다.

⑤ 피부의 색깔을 나타내는 성분은 멜라닌에 의해 흑갈색이 결정된다.

⑥ 진피 속 모세혈관의 혈색에 의해 적색(hemoglobin)이 결정된다.

⑦ 카로틴(carotene) 색소는 체내에서 생성되는 색소이며, 피부에서 생산되는 멜라닌 세포는 기저층과 진피층 경계부에서 생산되어 산재해 있다.

(3) 랑게르한스세포(langerhans)

① 표피의 기저층과 진피 유두층에 분포된 다양한 세포질의 돌기를 가진 세포로, 알레르기성 피부, 접촉성 피부염과 과민성 반응의 유발 등 면역기능에 관여한다. 이물질이 침투 시 표피에 항원 제시의 세포로 세로토닌과 히스타민을 방출한다.

② 분열 능력이 없고 계속적으로 교체된다.

(4) 머켈세포(merkel)

① 표피 기저층이나 그 부근에서 주로 나타난다.

② 신경섬유 말단과 연결되어 촉각을 감지하는 세포로 작용하여 촉각인식세포라고도 한다.

5) 진피(dermis)

(1) 진피는 표피 바로 밑층에 위치한다.

(2) 피부의 주체를 이루는 층으로 망상층과 유두층으로 구분된다.

(3) 감각기관인 촉각, 통각, 압각, 온각, 냉각이 위치해 있다.

(4) 진피는 표피보다 20~40배 정도 두껍다.

(5) 비탄력적인 콜라겐(collagen, 교원) 섬유조직과 탄력적인 엘라스틴(elastin, 탄력) 섬유조직 및 뮤코다당류(mucosaccharide)로 구성되어 있다.

(6) 피부의 본질을 형성하고 있으며, 피부의 탄력성은 이 층에 의해서 좌우된다.

(7) 콜라겐섬유가 전체의 80% 이상이며, 피부의 탄력을 유지한다.

(8) 혈관이 있으며 피부의 신경조직도 포함되어 있다.

6) 진피의 구성 성분

(1) 교원섬유(collagen fiber)

① 교원질(膠原質, collagen)은 진피의 주성분이다.

② 피부에 장력을 제공한다.

③ 콜라겐(collagen)은 진피층을 구성하는 결합조직섬유이다.

④ 콜라겐 1분자에 3,000개 이상의 아미노산들이 연결되어 있어 피부에 보습과 탄력을 부여해 주고 상처 치유의 역할을 한다.

(2) 탄력섬유(elastic fiber)

① 탄력섬유는 불용성 경단백질로서 섬유모세포에서 생성된다.

② 신축성이 요구되는 피지선과 한선(땀샘) 주변에 특히 많이 분포하며, 아교섬유에 비해 짧고 가늘며, 신축성이 있어 피부가 원래의 모습으로 돌아오도록 피부에 탄력을 제공한다.

③ 탄력섬유의 양은 연령이 높아질수록 감소하고 신축성도 저하된다.

7) 진피 구성층

(1) 유두층(papillary layer)

① 유두층은 결합조직으로서 기저층에 많은 영양분을 공급한다.

② 표피의 건강 상태가 좌우된다.

③ 수분을 다량으로 함유하고 있으며 감각기관인 촉각과 통각의 감각이 여기에 존재한다.

④ 진피 표층에 형성된 표피 능선(epidermal)의 유두가 비교적 얇고, 치밀한 결합조직의 형태로 구성되어 있는 층이다.

⑤ 아교가 불규칙하게 얽혀 있으며 탄력섬유(elastic fiber), 섬유모세포(fibroblast), 비만세포(mast cell), 대식세포(macrophage), 림프구 등이 산재되어 있다.

⑥ 모세혈관이 고리(loop) 모양으로 유두 내에 잘 발달되어 있다.

⑦ 촉각 관여의 신경 종말(nerce endings)인 마이스너 소체의 신경유두가 존재한다.

(2) 망상층(reticular layer)

① 망상층은 그물 모양의 결합조직으로서 대부분이 섬유단백질인 콜라겐과 엘라스틴으로 이루어져 있으며 피부의 탄력을 유지한다. 이 층에는 감각기관인 압각, 냉각, 온각이 위치하고 있다.

② 굵은 아교섬유의 다발이 조밀하게 배열된 불규칙한 결합 조직층으로, 그 사이에 탄력섬유가 연결되어 있고, 섬유모세포를 비롯한 다식세포, 림프구, 비만세포가 소수 존재한다.

③ 혈관이 존재하여 영양과 산소를 공급한다. 그리고 입모근과 유두 평활근 섬유가 많다.

④ 평활근은 유두, 유륜, 음경 등에 분포하여 골격근에 비해 완만한 수축을 가지며, 신축성이 높고 교감신경과 부교감신경의 지배를 받는다.

⑤ 줄무늬가 횡으로 나타나 있는 횡문근(striated muscle)섬유가 있어 안면에 있는 얼굴 표정근이 이에 해당한다.

8) 피하조직(subcutaneous tissue)

(1) 지방을 함유하고 있는 피부의 가장 아래층이다.

(2) 피하조직에는 영양상태의 기반이 되는 저장지방 외에 손바닥, 발바닥과 같은 탄력지방과 체형의 굴곡을 결정짓는 지방조직이다.

(3) 지방은 체온을 조절하고 근육의 신축을 조절하여 외부 압력으로부터 직접적인 영향을 받지 않도록 보호하는 역할이다.

① 주로 지방조직으로 구성된다.

② 지방의 형성, 양분의 저장, 체온유지, 외부 충격에 대한 완충 역할과 비만과 관계있는 조직이다.

③ 보통 남자보다 여자가 더 발달한다.

(4) 피부를 그 아래와 연결시켜 주는 결합조직이다.

(5) 크고 작은 백색의 지방세포 무리로 된 다량의 지방조직이다.

(6) 피부의 형태나 곡선미를 주고 외부로부터 열을 차단하거나 강한 충격에 대한 완화, 지방의 에너지 저장 역할을 한다.

(7) 지방조직은 여성이 남성보다, 어린이가 어른보다 잘 발달되어 있다. 특히 두정부, 목덜미, 등 손발바닥에는 진피층에 단단히 결합되어 있다.

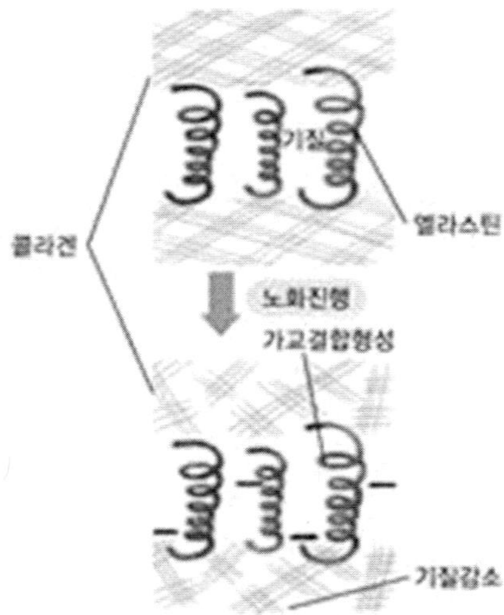

그림 3-4

3 피부 부속기관

1) 분비선(secretory gland)

(1) 피지선

① 진피층에 존재한다.

② 분포는 두피와 안면에 특히 많으며, 손바닥과 발바닥에는 없다.

(2) 한선(땀샘)

① 우리 몸의 땀을 분비하는 샘이다.

② 체온 조절과 외부로부터의 피부 보호, 중요한 분비작용을 하는 기관이다.

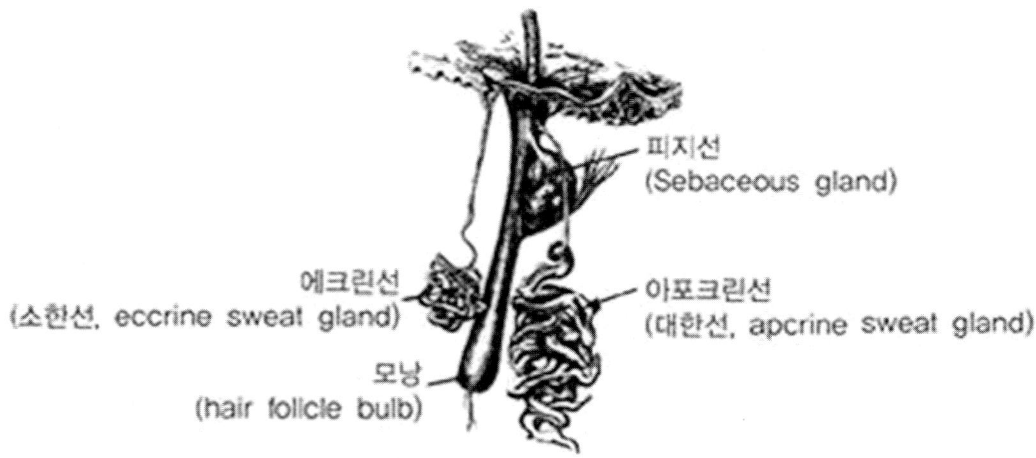

그림 3-5 피지선

2) 땀의 역할

신장 역할을 보조하여 노폐물 배설에 도움을 주며, 체온 조절과 피부의 피지막(산성 보호막)을 형성한다.

(1) 땀샘의 종류

① 에크린 한선(소한선)

㉠ 실뭉치 모양으로 진피층에 놓여 있으며, 전 신체에 분포되어 있다.

② 아포크린 한선(대한선)

㉠ 체취선이라고 부른다.

㉡ 사춘기 이후에 기능이 시작된다.

㉢ 냄새는 남성보다 여성에게 강하다.

(2) 땀의 분비량

체온의 변화, 근육의 활동 상태, 자율신경의 자극 상태에 따라 차이가 난다.

(3) 땀의 이상분비

① 취한증(액취증)

겨드랑이에 땀냄새가 심하게 나는 것(암내)이다. 아포크린 한선에서 생성되는 땀에서 발생된다.

② 한진(땀띠)

㉠ 땀이 피부 표면으로 분비되는 입구나 땀샘(한선)과 연결된 관(한관)의 중간이다.

㉡ 부분이 막혀서 제대로 배출되지 못한 땀이 고이게 되어 발생된다.

③ 소한증

땀의 분비가 감소되어 땀을 적게 흘리는 증세이다.

④ 다한증

땀의 분비가 많아지는 증세이다.

3) 손, 발톱

(1) 손, 발톱의 기능과 구조

① 조갑의 기능

㉠ 물건을 잡거나 일을 할 때 손가락 및 발가락 끝을 보호한다.

㉡ 힘있게 받쳐주는 역할을 한다.

② 조갑의 구조

㉠ 조근(nail root) : 손톱뿌리

㉡ 조반월(lunula) : 희고 불투명한 색깔과 반달 모양

㉢ 자유연(free edge) : 손톱바닥과 붙어 있지 않는 부분

㉣ 조기질(nail matrix) : 손가락과 발가락의 표피와 연결

㉤ 조갑판(nail plate): 손톱, 발톱 자체

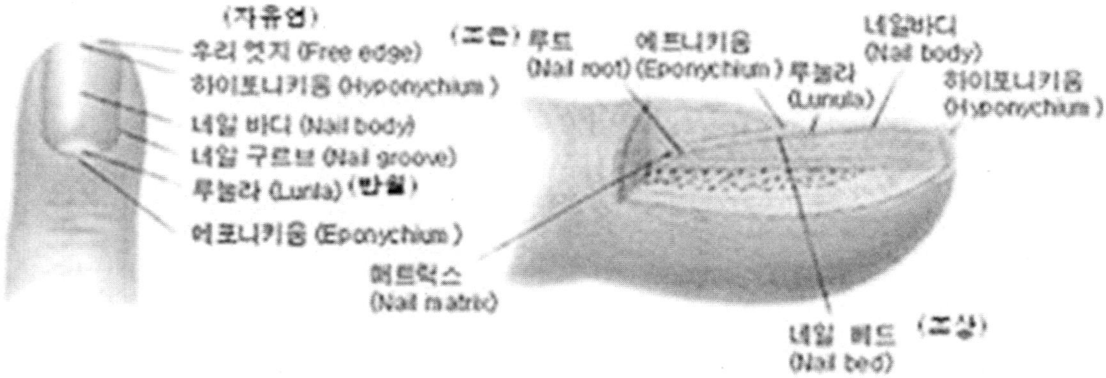

그림 3-6 손톱의 단면

③ 건강한 손톱과 발톱

㉠ 건강한 손톱과 발톱은 조상(바닥)에 강하게 부착되어야 한다.

㉡ 단단하고 탄력이 있어야 한다.

㉢ 매끄럽게 윤이 흐르고 분홍빛의 둥근 아치 모양을 형성한다.

㉣ 손톱 성분 중의 7~12%의 수분이 이상적으로 유지되어야 건강한 손톱과 발톱이 유지된다.

④ 손톱과 발톱의 기능

㉠ 손끝과 발끝 및 피부를 보호한다.

㉡ 물건을 잡을 때 받침대의 역할을 한다.

㉢ 장식적인 역할을 한다.

㉣ 유 · 수분 함유로 습기와 투명도 및 광택을 유지한다.

⑤ 손톱과 발톱의 성장

㉠ 손톱과 발톱은 매일 약 0.1mm가량 성장하며, 한 달에 약 3mm 정도 성장한다.

㉡ 손톱과 발톱의 완전한 교체는 약 6개월가량 소요된다.

⑥ 손톱과 발톱의 질환

㉠ 손톱 끝이 갈라지는 형태 : 췌장의 질병, 신진대사의 장애, 노화 현상, 영양부족 현상이다.

㉡ 손톱 전체가 흰색인 형태 : 손톱과 발톱세포가 각질화과정 중 장해를 받아 연약해진 것을 나타내는 증상으로, 원인은 유전이나 염증에 의한 영향이다.

㉢ 손톱의 흰반점 : 신체 내부기관의 질환이나 중금속 중독으로 생긴다.

㉣ 손톱 끝이 구부러지는 형태 : 신진대사 장애, 위와 담낭의 질병 원인, 영양 부족(철분, Vit - B2)으로 나타나는 증상이다.

㉤ 두꺼운 손톱과 발톱 : 부상 원인, 발의 이상증, 심장질환 및 혈액순환 장애가 그 원인이라 할 수 있다.

㉥ 파고드는 손톱과 발톱 : 유전, 발의 이상증, 좁고 굽이 높은 신발을 장기간 착용, 잘못된 손·발톱 프리에지를 깎은 경우에 생긴다.

㉦ 부러지는 손톱 : 내부기관 및 신진대사 장애, 비타민 부족으로 생긴다.

4) 털(hair)

(1) 털의 종류

① 장모 : 두발, 수염, 음모, 액와모

② 단모 : 눈썹, 속눈썹, 콧털, 귓털

③ 연모(솜털) : 신체의 털

④ 털이 없는 곳 : 손바닥, 발바닥, 입술

(2) 역할

① 장모와 솜털은 한냉과 일광에서 신체 보호와 체온 조절, 장식적인 역할을 한다.

② 단모는 먼지와 땀으로부터 신체를 보호하는 역할을 한다.

(3) 털의 명칭과 기능

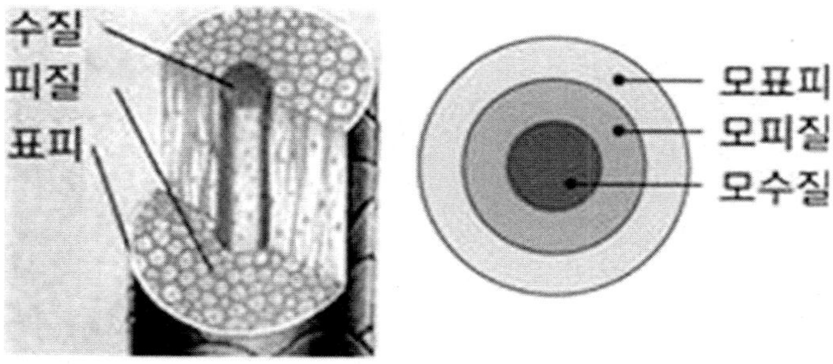

그림 3-7 털의 구조

① 털의 구조

㉠ 모표피 : 털의 가장 바깥층

㉡ 모피질 : 체모 무게의 90%, 멜라닌 함유

㉢ 모수질 : 발육체모에서 나타난다.

② 털의 성장주기

㉠ 생장기 : 지속적으로 성장을 하는 시기

㉡ 퇴행기 : 체모의 성장이 멈추는 시기

㉢ 휴지기 : 성장 정지

(4) 털의 이상증세

① 다모증

㉠ 신체의 털이 증가하며 남성보다 여성에게 많이 나타나는 증상이다.

㉡ 원인은 내분비 장애, 부신이나 난소에 종양 등 이상이 있는 여성, 유전, 신경질환이 원인이다.

② 탈모증

㉠ 두발이나 신체의 털이 여러 가지 원인으로 인해 빠지는 것을 의미한다.

㉡ 원인은 유전과 질병, 영양의 결핍, 호르몬의 변화, 화학제와 의약품이 원인이 될 수 있다.

㉢ 기타, 물리적 마찰, 정신적 충격, 잦은 드라이 사용, 두피의 심한 자극, 경질환 등이 있다.

③ 무모증 : 선천적으로 털이 없는 증세로 유전과 내분비 장애의 원인이다.

④ 조모증 : 아버지의 유전인자가 딸에게 유전되어 전신의 털의 수와 성장이 남성처럼 나타난다.

⑤ 흰머리 : 보통 노화에 의한 멜라닌 형성 능력의 부족 현상이다. 유전, 빈혈, 결핵, 영양 결핍, 호르몬 이상으로 발생할 수 있으며, 말라리아, 위장장애가 원인이 되기도 한다.

5) 피부의 생리기능

(1) 피부의 pH(power of hydrogen ions)

① pH란 수소이온(H^+)의 농도 지수를 말한다.

② 피부의 pH란 표피 자체의 pH가 아니라 한선으로부터 분비된 땀과 피지선으로부터 분비된 피지가 혼합되어 피부를 덮고 있는 피부 지방막의 pH를 말한다.

③ pH 수치

㉠ 인종, 성별, 연령, 시기, 부위에 따라 다르다.

㉡ 흑인은 백인보다 pH 수치가 높다.

(2) 알칼리 중화능력

피부의 산성도는 햇빛, 화장품, 건강 상태 등에 의하여 영향을 받으며, 알칼리성에 의해 산성도가 파괴되고, 약 2시간이 지나고 나면 자연적으로 산성도가 회복된다.

① 피부 지방막

㉠ 피부 표면은 약산성을 띠므로 산성막이라고 불린다.

㉡ 외부의 습윤, 건조에 의한 직접적인 영향과 이물질의 침입과 박테리아 감염 같은 미생물의 침입으로부터 피부를 보호한다. 미생물들은 대체로 알칼리성의 성질을 갖고 있어 산성막에 의해 활동이 어려워진다.

㉢ 피부의 수분 증발을 막아 주는 역할을 한다.

㉣ 자극과 소양감으로부터 막아준다.

㉤ 외부의 습기가 피부 내로 침투되는 것을 막아주어 피부가 붓는 것을 방지해주는 천연 방어기능을 한다.

② 천연 보습인자(natural moisturizing factor)

㉠ 피지막의 친수성분인 부분을 천연보습인자(NHF)라 부른다.

㉡ 피부의 수분 보유량을 조절하여 건조를 방지해 준다. 결핍되면 피부가 건조해져서 각질층이 두터워져 피부노화의 원인이다.

③ 세포간 기질

㉠ 진피세포간 결합섬유 사이를 채우고 있는 끈적끈적한 점약의 뮤코다당류(muco-polysaccaride)는 히아루론산, 콘드로이친 황산염, 글리코사미노글리칸(glycosa-minoglycans)이 있으며, 이는 수분을 끌어당기는 수분 보유력이 뛰어나다.

㉡ 진피층 내 수분은 일반적인 물 분자로 이루어진 자유수(free water)와는 다르며, 마르거나 증발하지 않는 결합수(bound water)로 이루어져 있다.

6) 피부의 기능

피부는 외부와 직접 접하고 있는 인체의 표면을 둘러싼 조직으로 외부로부터 물리적, 화학적 자극을 받고 있으며, 외부의 영향으로부터 내부기관을 보호·방어기능을 한다.

(1) 보호기관으로서의 역할

① 체온 조절

㉠ 피부의 기름샘과 땀샘, 저장지방, 혈관 등의 역할을 통하여 신체의 정상 체온인 36.5도가 유지된다.

㉡ 피부는 외부 온도가 낮거나 높아도 정상 체온을 유지하고자 하는데, 외부 온도가 36도 이상이 되면 진피에 있는 온각반응이 나타나 모공과 땀구멍이 확장되어 높아진 체온은 땀의 분비에 의해 내려가서 체온을 조절을 한다. 반면에 외부 온도가 28도 이하로 내려가면 감각기관 중 한각이 반응을 보이므로, 혈관과 입모근이 수축하여 피지를 분비한다.

② 증발 조절

기름샘의 작용으로 피지막(지방막)을 형성하여 피부의 건조를 방지하고, 레인 방어막(수분 증발 저지막)에 의해 수분의 증발을 막아준다.

③ 피부의 방어 작용

㉠ 외부로부터 각종 물질을 방어하는 동시에 체액이 외부로 새어나가는 것을 방지한다.

㉡ 항상 새로운 세포가 각질층으로 밀려 올라와 외부에 부착된 세균들을 함께 제거한다.

㉢ 화학적 영향으로부터 보호 작용을 한다.

피부 표면은 땀과 유분이 혼합되어 피지막을 형성하는데, 이 막은 산성을 띠므로 박테리아 등의 세균으로부터 피부를 보호하고, 외부로부터 가해지는 알칼리를 중화시켜 피부의 산성도를 회복한다.

④ 광선으로부터의 보호

멜라닌색소와 표피의 투명층은 광선과 열의 침투로부터 피부를 보호한다.

⑤ 압력, 충격, 마찰로부터의 보호

외부의 자극이나 충격에 대해 각질층의 단단함과 피하조직층에 지방조직과 결합조직의 탄력성이 쿠션과 같은 역할을 하여 피부를 보호한다.

(2) 저장기관으로서의 역할

피하조직의 지방층은 우리 신체 중 가장 큰 저장기관으로서 각종 영양분(포도당→글리코겐 전환)과 수분을 보유한다.

(3) 흡수기관으로서의 역할

① 피부는 호흡 시 1% 정도의 산소를 흡수하여 모공과 땀구멍을 통하여 외부로부터 주어지는 유효성분의 약 0.1% 정도가 피부 내로 흡수된다.

② 흡수가 용이한 물질로는 지용성 비타민, 스테로이드 호르몬, 항히스타민제가 있고, 흡수가 비용이한 물질로는 수용성 비타민, 염분(NaCl), 니코틴산 등을 들 수 있다.

(4) 영양분 교환기관으로서의 역할

① 피부는 신체의 신진대사를 활성화하기 위해 물질 전환의 역할을 한다.

② 프로비타민 D(7-디하이드로콜레스테롤, dehydrocholesterol)는 자외선의 영향을 받아 비타민 D로 전환된다.

(5) 감각기관으로서의 역할

피부 진피의 유두층과 망상층에는 압각, 촉각, 온각(둔감), 냉각(민감), 통각, 소양감 등의 감각기관이 있어 신체의 방어 본능기관으로서의 역할을 한다.

(6) 분비 배설 작용

① 땀(수분)과 피지(지방)를 분비하여 피부에 유연성과 세균 번식을 억제시켜 주는 pH를 조절한다.

② 항상성을 유지시켜 주는 지방막을 형성한다.

③ 이외에 호흡 작용(피부조직 내 대사에 의한 가스교환), 표정 작용, 면역 작용(이물질/세균 방어)의 기능을 수행한다.

(7) 피부의 흡수

① 피부의 투과성이 극히 약하여 어떤 물질이든 통과하기가 매우 어려운 구조를 갖고 있다.

② 가장 투과력이 약한 곳은 표피의 각질층이다.

③ 경피흡수 경로

모든 물질들은 각질층을 통하여 삼투현상에 의해 흡수가 일어나며, 특히 모공과 한선(에크린선)을 통하여 흡수한다.

④ 경피흡수 영향 요인

㉠ 친유성물질

㉡ 피부의 습도, 온도 상승

㉢ 물질의 산도

㉣ 각질층 두께 정도

㉤ 연령

⑤ 경피흡수 촉진제

㉠ 물리적 방법 : 이온 영동법(iontophoresis)

㉡ 화학적 방법 : 살리실산과 요소는 피부 장벽 기능을 완화하는 효과가 있다.

㉢ 밀폐 요법 : 랩이나 은박 호일을 덮어 피부의 수분을 증가(각질세포 부품)시켜 온도 상승 효과로 인하여 흡수가 촉진된다.

⑥ 경피흡수 영향 요인

㉠ 친유성 물질 : 유용성 물질의 투과가 쉽게 이루어진다.

㉡ 피부의 습도, 온도 상승 : 각질층이 연화되고 모공이 확장되어 흡수력이 상승된다.

㉢ 물질의 산도 : 산도(피부 pH) 변화는 이온화 촉진 효과와 흡수력이 상승된다.

㉣ 각질층 두께 정도 : 얇은 점막은 흡수율을 높인다.

㉤ 연령 : 유아/노인 흡수율이 높다(얇은 피부).

Chapter

04

피부장애와 질환

1. 피부장애
2. 피부질환

CHAPTER

04 피부장애와 질환

1 피부장애

피부장애는 1차적 장애인 원발진과 2차적 장애인 속발진으로 분류된다.

원발진의 종류는 다음과 같다.

① 반점 : 피부의 일부에 색소 변화
② 구진 : 단단하고 작은 병변, 돌출
③ 결절 : 피부 표면 위로 나온 단단한 발진, 지름 2cm 미만이고 구진보다 크다.
④ 종양 : 단단한 병변 양성, 반양성, 악성
⑤ 소수포 : 수포는 돌출, 표피 내부에 자리 잡은 작고 반투명, 맑은 액체를 포함한다.
⑥ 대수포 : 직경이 3mm 이상이며, 맑은 액체를 포함한다.
⑦ 농포 : 크기에 관계없이 고름이 들어 있는 발진
⑧ 낭종 : 진피 혹은 피하조직 내에서 결체조직으로 둘러싸여 화농 상태가 가장 크고 깊다.

속발진의 종류는 다음과 같다.

① 인설 : 표피에서 떨어져 나오는 얇은 각질 조각
② 미란 : 각질층과 그 아래 표피세포들이 떨어져 나간다.
③ 찰상 : 표피와 진피의 일부까지 손상된 것, 상처가 남는다.
④ 가피 : 분비물이 말라붙었거나 피부가 다친 곳에 피, 세포 조각, 표피나 진피성분들이 말라붙은 것
⑤ 상흔 : 진피까지 또는 더 깊은 곳까지 다쳐서 흔적이 남은 것
⑥ 균열 : 피부가 좁고 길게 갈라진 것

⑦ 궤양 : 염증으로 표피는 물론 진피의 일부 또는 전부가 소실

⑧ 위축 : 콜라겐, 엘라스틴조직이 감소되어 피부가 얇아진다.

1) 원발진(피부의 1차적 장애)

눈에 보이거나 촉진으로 손에 만져지는 것으로, 질병으로 간주되지 않는 피부의 변화를 말한다.

(1) 면포(comedo)

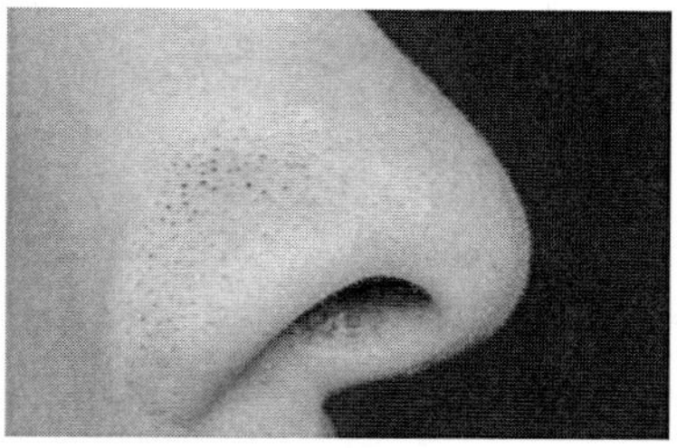

그림 4-1 면포

① 피지, 각질세포, 박테리아가 서로 엉겨 모공입구 폐쇄로 형성된다.

② **블랙헤드**(black heads)는 개방면포 죽은 각질세포의 축적, 공기와의 접촉 표면이 검은색을 띤다. 압출이 용이하다.

③ **화이트헤드**(white heads)는 폐쇄면포 피지와 죽은 각질세포의 축적이 모공을 막으며 생성된 것으로, 공기와의 접촉이 없어 흰색을 나타낸다.

④ 압출이 용이하지 않아서 압출기를 사용한다.

(2) 농포(pustule)

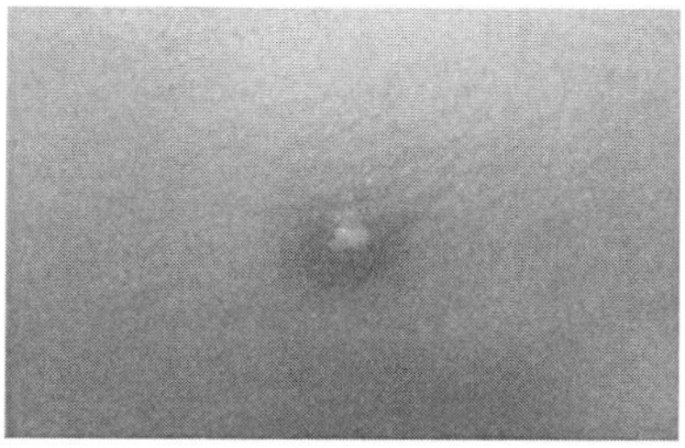

그림 4-2 농포

① 피부 표면으로 솟은 농을 포함한 작은 융기 형태로 주위 붉은 기운이 돌고 터지면 가피가 생긴다.

② 흉터는 없지만 색소침착이 6개월 이상 간다.

(3) 구진(papula)

그림 4-3 구진

① 경계가 뚜렷하고 단단한 돌출 부위를 가진다.

② 크기는 1cm 미만이며 만지면 통증을 느낄 수 있다.

③ 치유 후 흉터가 남을 수 있다.

(4) 결절(nodule)

구진이 서로 엉겨서 큰 형태를 이룬 것으로, 구진보다 더 크고 단단하며, 피부 깊숙한 곳 기저층 아래에 형성(통증 수반)되며 치유 후 흉터가 남는다.

그림 4-4 결절

(5) 팽진(wheal)

알레르기 현상으로 몸에 유해하며, 피부 내에 모세혈관을 확장하며 말초혈관의 투과성이 증가되며 가려움증을 동반한다.

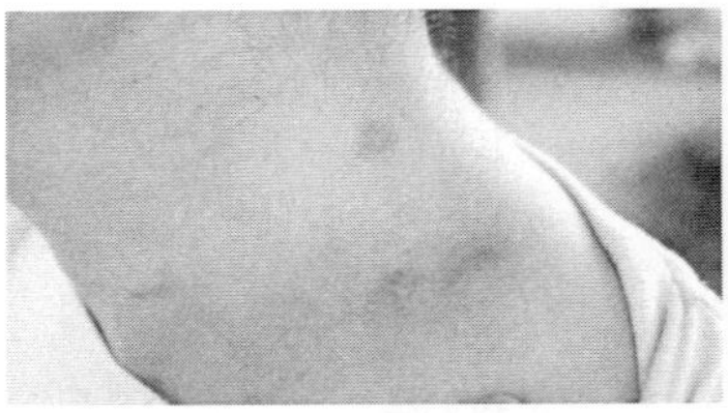
그림 4-5 팽진

(6) 반점(macule)

① 표면에 융기, 함몰 등의 상처 없이 피부색이 변한다.
② 원형, 타원형의 모양으로 경계가 뚜렷한 점이며, 육안으로 구별이 가능하다.

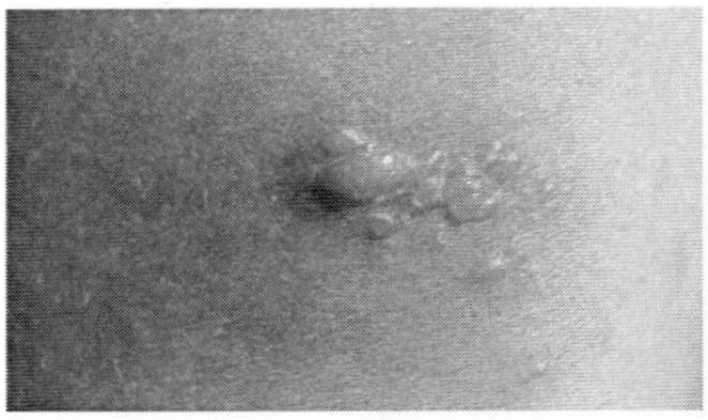
그림 4-6 소수포

(7) 소수포(vesicle)

표피 밑 직경 1cm 미만의 맑은 액체를 포함한 융기로, 염증이 생기지 않고 흉터 없이 치유된다.

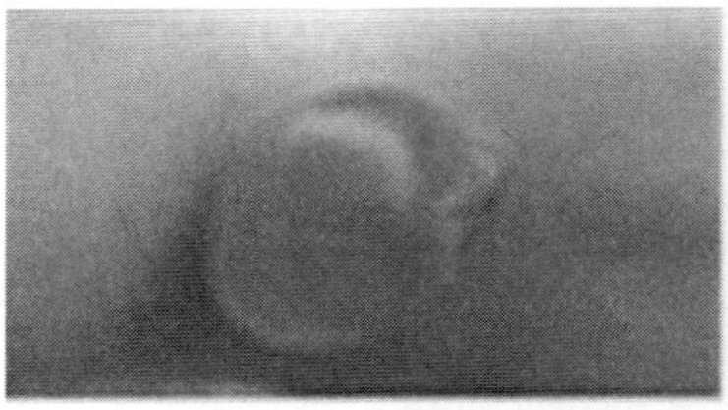
그림 4-7 수포

(8) 수포(bulla)

충격이나 온도의 영향으로 생기며, 소수포보다 크기가 크며, 표피와 진피 내에 자리 잡고 있다.

(9) 자반(purpura)

조직 내 출혈에 의한 자색 또는 적갈색의 착색이 표피를 통하여 보이는 상태이다.

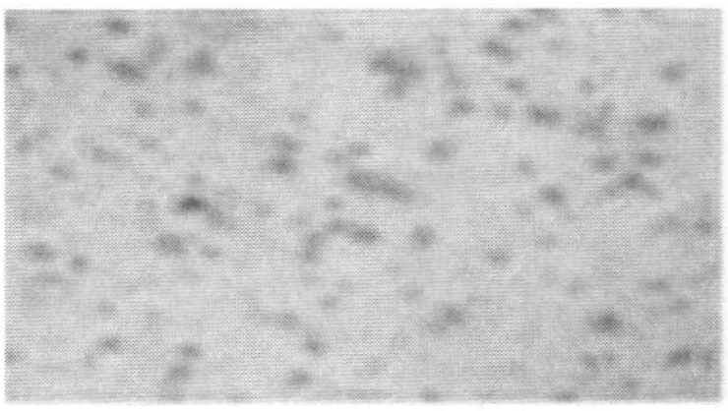
그림 4-8 자반

(10) 종양(tumor)

① 큰 결절로 직경 2cm 이상의 크기를 가졌으며 다양한 색깔을 지니고 있다.
② 양성종양으로 발달될 수 있다.

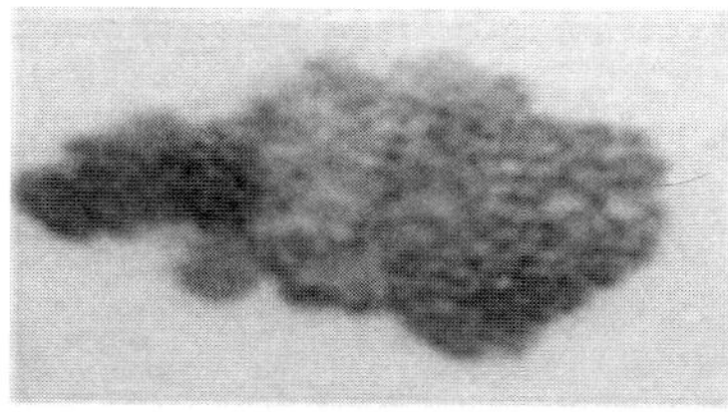

그림 4-9 종양

(11) 비립종(milia)

① 면포와는 달리 나오는 구멍이 없어 칼슘염과 각질 덩어리의 하얀 알갱이가 들어 있다.
② 눈 아래 부분에 잘 발생(중년의 여성에게 많이 나타남)하며, 탄산가스 레이저로 쉽게 제거된다.

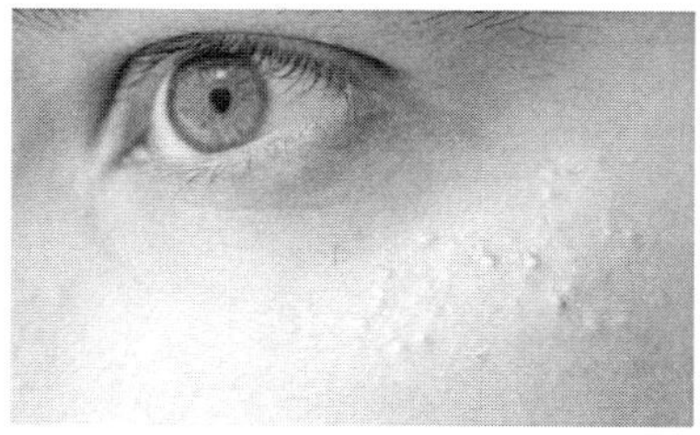

그림 4-10 비립종

2) 속발진(피부의 2차적 장애)

질병이나 부상 및 1차적 원발진에 의해서 생겨 2차적으로 오는 피부의 변화이다.

(1) 인설(scale)

① 표피로부터 떨어지고, 가볍게 흩어지며 무의식적으로 생기는 죽은 각질세포를 말한다.
② 여러 모양이 있으며, 얇고 건조할 수도 있고, 축축할 수도 있으며, 거칠고 두껍게 형성되기도 한다.

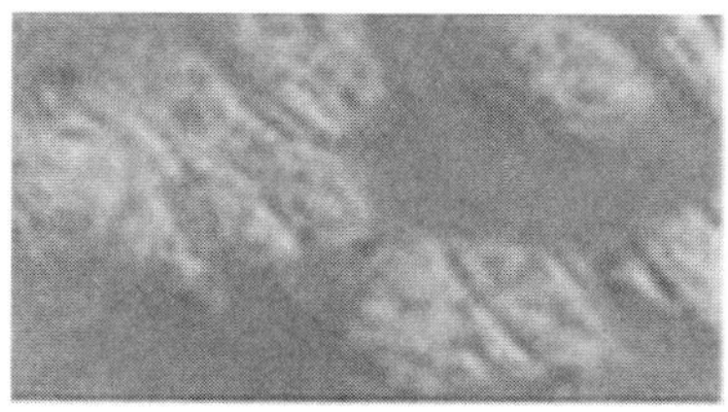

그림 4-11 인설

(2) 가피(crust)

① 딱지, 염증이나 진물이 피부 표면에서 마른 것이다.
② 표피 상처에 의한 결과이다.

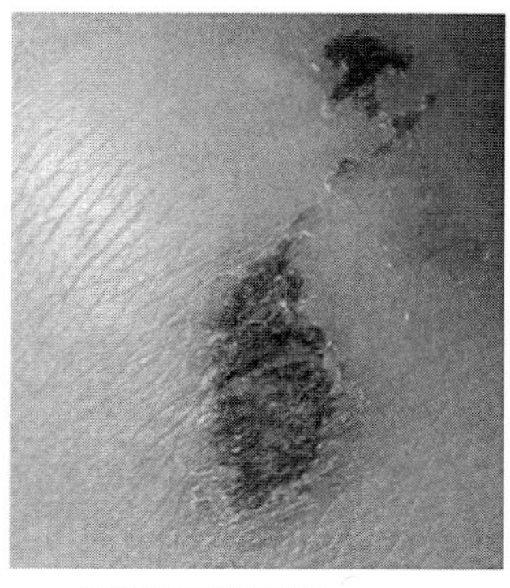

그림 4-12 가피

(3) 미란(erosion)

짓무름, 표피가 떨어져 나가 생긴 것으로 흉터 없이 치유된다.

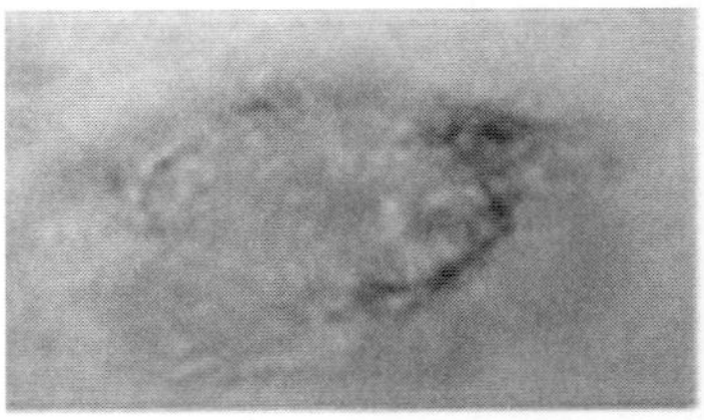

그림 4-13 미란

(4) 궤양(ulcer)

① 진피 내에 있는 병든 피부조직의 세포 붕괴로 인하여 생성된다.

② 표피와 함께 진피의 부분 혹은 전부가 염증으로 손상된 것으로 치유 후에도 색이 남는다.

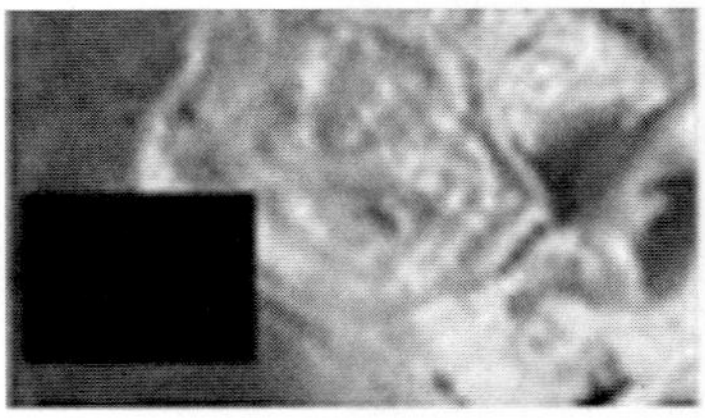

그림 4-14 궤양

(5) 찰상(excoriation)

표피박리, 표피 유극층 성분 등이 긁혀서 생긴 것으로, 시간이 지나면 흉터 없이 치유된다.

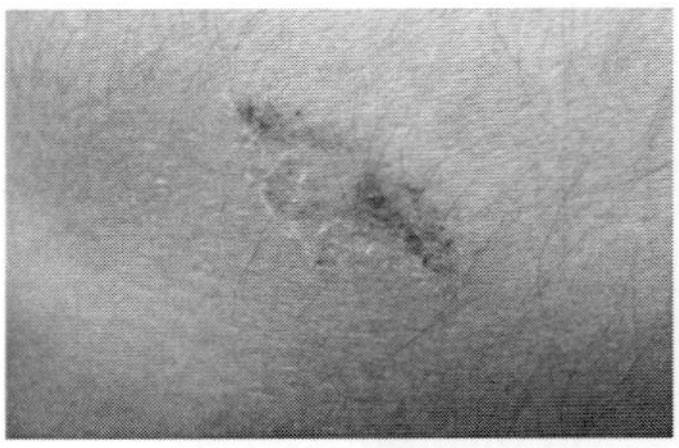

그림 4-15 찰상

(6) 낭포(cyst)

세균이 침입하여 화농한 부위가 종기만큼 크고 터널이 생긴 상태이다.

그림 4-16 낭포

(7) 위축(atrophy)

① 조기 노화로 인하여 많은 주름을 볼 수 있다.

② 표피가 비정상적으로 얇아졌거나 진피의 콜라겐이나 엘라스틴이 감소되었을 때 정맥이 표면에서 볼 수 있게 비춰진다.

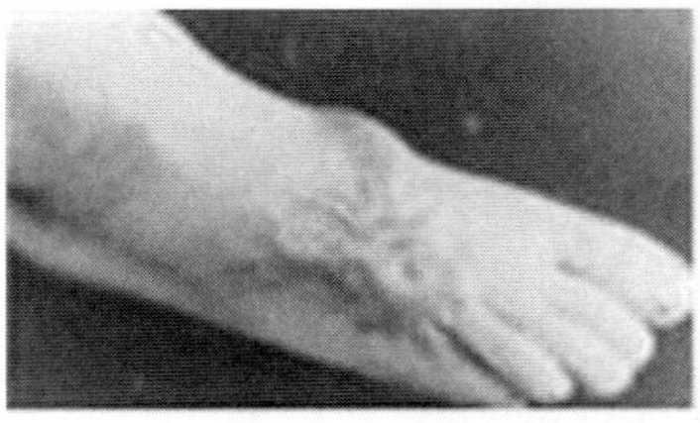

그림 4-17 위축

(8) 태선화(lichenification)

만성자극으로 인하여 표피가 건조하고, 가죽처럼 두꺼워지는 상태를 말한다.

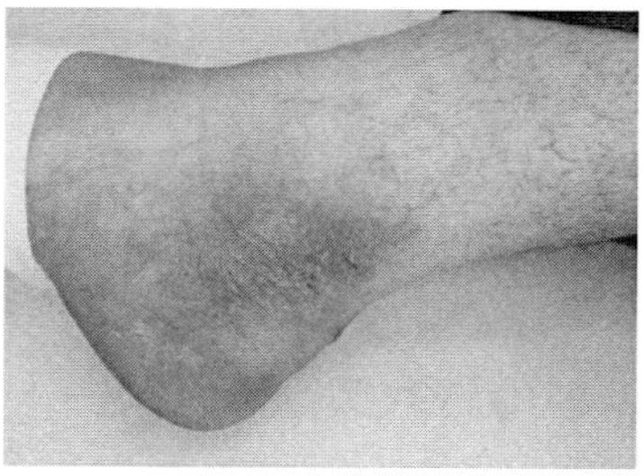

그림 4-18 태선화

(9) 반흔(scar)

① 상흔, 흉터, 표피나 진피가 질병이나 부상으로 인하여 피부가 갈라진 형태이다.

② 거의 흉터로 존재하거나 갈라진 상태로 있는 것도 있으며, 세포의 재생이 더 이상 되지 않는 곳이다.

③ 피부의 부속기관인 기름샘과 땀샘이 존재하지 않는다.

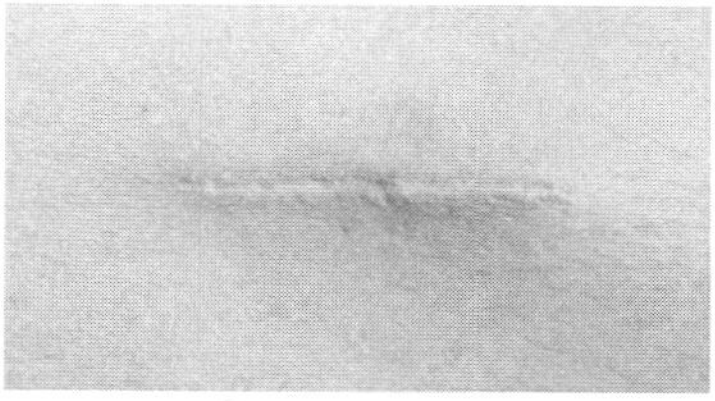

그림 4-19 반흔

(10) 균열(fissure)

손이나 입술이 튼 상태처럼 진피까지 갈라진 피부이다.

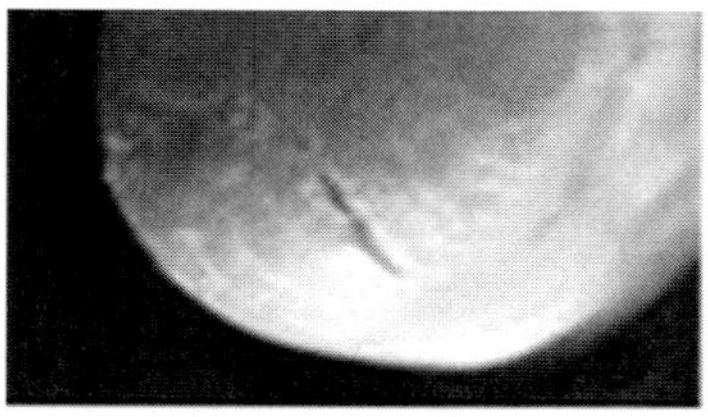

그림 4-20 균열

(11) 오점(stain)

피진, 기미 혹은 간반이 없어진 후나 일정한 병후에 뚜렷이 생긴 비정상적 탈색 상태를 말한다.

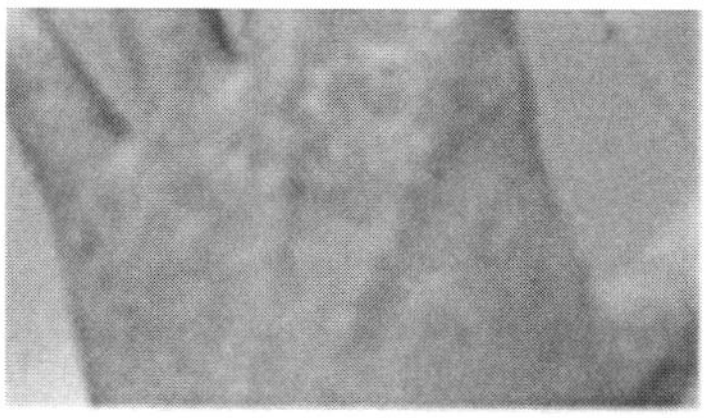

그림 4-21 오점

(12) 각질 증식증(stain)

표피의 각질층의 비후로 국부적으로 생긴 편평한 융기이다.

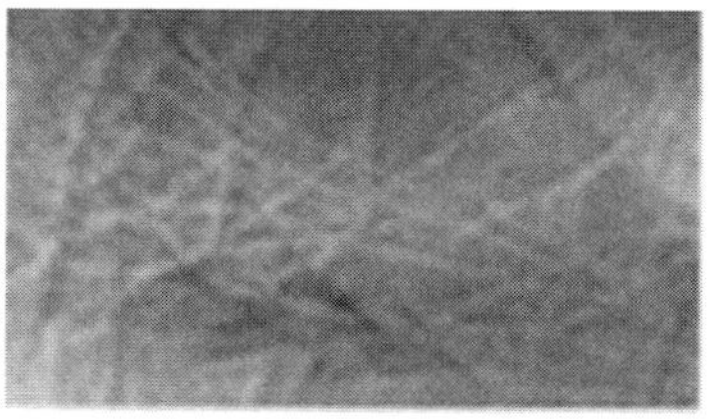

그림 4-22 각질 증식증

(13) 해족증(keloid)

피부가 진피까지 상처를 입었을 때 재생하는 동안 윤기나는 상처가 남은 상태(우두자국)이다.

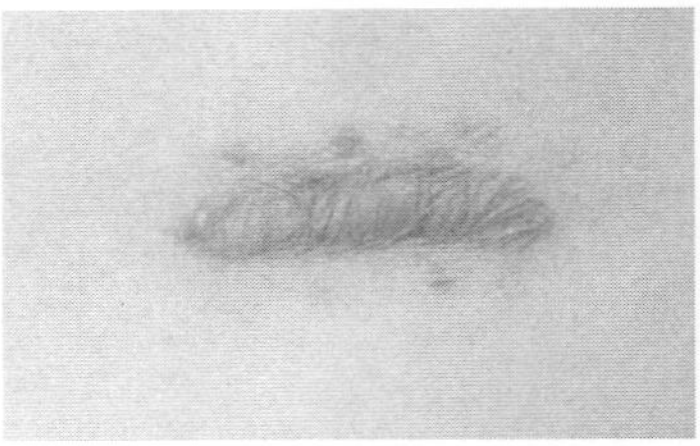

그림 4-23 해족증

2 피부질환

1) 피부종양의 종류에 따른 특징

(1) **양성종양** : 피부 구성요소(표피, 부속기관 등)를 파괴하며 증식·전이가 없다.

(2) **악성종양** : 림프관이나 혈관을 타고 전이되며, 눈으로 볼 때 주변과 경계가 확실치 않다. 주요 원인은 자외선(피부암 : 상피조직에 생기는 암)이다.

(3) **악성 흑색종** : 멜라닌세포에서 발생하는 암으로 백인에게 많이 생긴다.

2) 박테리아로 인한 피부질환

(1) **모낭염** : 모낭염증, 구진이나 농포

(2) **절종** : 모낭 전체 파괴

(3) **옹종** : 붓고, 통증 수반

(4) **농가진** : 포도상구균이 원인

(5) **단독** : 고열로 시작되는 피하조직과 피부의 감염으로 나타난다.

3) 바이러스에 인한 피부질환

(1) **단순포진** : 홍반, 수포 등이 이에 해당된다.

(2) **대상포진** : 수포성질환, 주로 가슴, 목, 삼차신경에서 잘 발생한다.

(3) **수두** : 기도를 통해 전염되는 유행성 바이러스 질환이다.

(4) 사마귀 : 바이러스 감염과 비바이러스성 사마귀(지루성 각화증)이다.

4) 사상균에 의한 피부증상(진균증)

효모균, 피부사상균에 의해 발생한다.

5) 기생충에 의한 피부질환

(1) 요충증 : 요충의 감염으로 항문 주위가 심하게 가려움증이 있다.

(2) 이 : 이가 흡혈하고 분비하는 타액 때문에 가려움과 피부염이 생긴다.

(3) 옴(개선) : 옴의 기생으로 발생된다.

(4) 모낭충증 : 사람의 모낭에 기생하는 진드기에 의해서 발생하는 피부병이다.

6) 건선

(1) 각질화가 잘 되지 않고, 세포 분열이 아주 빠르게 일어나는 만성 피부질환이다.

(2) 표피가 두꺼워진다.

(3) 유전성이다.

7) 색소이상증

(1) 오타모반 : 결막과 눈 주위의 피부에 갈색 또는 청색 반점이 평생 지속된다.

(2) 기미 : 연한 갈색이나 암갈색의 다양한 크기의 색소 침착 반점이다.

8) 유전과 햇빛과 성호르몬

(1) 주근깨 : 유전과 햇빛이 원인이다.

(2) 백반증 : 후천적인 탈색소증, 백색 반점이다.

(3) 백색증 : 멜라닌세포의 기능 부전에서 오는 전신 탈색증이다.

9) 혈관이상증

(1) **모세혈관 확장증** : 붉은 혈관 내비치는 증상이다.

(2) **딸기 혈관종(매상혈관종)** : 대개 태어나서 1~3개월경에 생긴다.

(3) **화염상 모반** : 태어날 때부터 생긴 붉은 반점이다.

(4) **정맥류** : 정맥의 기능이 불완전한 상태이다.

10) 아토피성 체질(피부염)

아토피성 피부염은 유전적인 경향이 큰 일종의 알레르기라고 할 수 있다.

그림 4-24 아토피 피부염

(1) 특징

① 견디기 어려운 가려움증을 느끼고, 2차적으로 습진이 형성되는 질환이다.

② 천식이나 알레르기성 비염을 동반하는 특징이 있다.

③ 알레르기성 피부염, 신경성 피부염이라 한다.

(2) 원인

유전, 면역, 이상약물 반응, 미생물, 환경 요인 등 여러 가지 복합 요인이 있다.

(3) 연령별 증상

① **유아기** : 초기에는 습진성 병변이 뺨, 이마, 두뇌에 발생하고 계속 몸통, 두부, 사지로 번진다. 보통 급성으로 발생하여 진물이나 부스럼이 많이 생긴다.

② **소아기** : 만성 또는 급성을 띠고 팔 안쪽 부위, 무릎 관절 안쪽에 건조한 형태로 발생한다.

③ **사춘기, 성인기** : 양진이나 태선화가 주 증상으로 나타나고, 겨드랑이, 목, 얼굴 등에 발생하며, 항문 주위의 가려움증을 동반하기도 한다.

(4) 치료 및 예방

① 긁는 것을 억제하고, 거친 침구, 의복, 모직, 술과의 접촉을 피하여 피부 자극을 줄인다.

② 집 먼지, 깃털, 꽃가루 등은 호흡 알레르기를 동반하는 피부 자극을 유발하므로 최대한 피한다.

③ 과다한 비누 사용을 억제한다.

④ 목욕 횟수를 줄이고, 특히 심하게 문지르거나 기계적인 마사지 등 자극을 피한다.

⑤ 정신적인 긴장이 없도록 한다.

⑥ 찬바람, 뜨거운 햇빛 등 급격한 온도 변화를 피한다.

⑦ 편식을 하지 말고 자극적인 음식은 피한다.

⑧ 변비를 조심하고 내의는 면제품을 사용한다.

11) 접촉성 피부염

접촉성 피부염은 80%가 화학물질의 피부 자극에서 온다. 피부염을 일으키는 물질들과 자주 접하기 때문이다. 피부 표면은 약산성이 지방막과 케라틴으로 되어 있다. 어느 정도 보호를 해주지만 작은 자극이라도 계속되면 접촉성 피부염이 생기게 된다.

(1) 1차 자극성 피부염

강한 자극물질이 스쳤을 경우 일어나는 피부염이다(산·강알칼리, 화장품, 인조눈썹 접착제, 약제 등).

(2) 2차 자극성 피부염

어떤 특정한 사람에게만 일어나는 피부염이다(음식, 화장품, 향료, 색소, 방부제, 광물류).

(3) 특징

① 빨갛게 부어오르고, 그 부위가 열이 나며 때로는 통증을 느낀다.

② 심해지면 물집이 잡히고 오래되면 습진이 된다.

③ 얼룩점이 생기거나 피부가 거칠어진다.
④ 피부가 조이며 각질이 일어난다.
⑤ 좁쌀알 같은 것이 밀집되거나 전면에 돋는다.
⑥ 시일이 지나면 면포와 비슷한 형태로 남는 경우도 있다.

(4) 원인

약재, 식품감염, 물리적 요인, 심리적 요인, 흡입물, 곤충물림 및 자상, 침입물, 내적인 요인, 작업현장 등이 원인이 된다.

12) 지루성 피부염

유전, 호르몬의 영향, 영양실조, 알코올 과다, 과로 및 정신적 긴장에서 오는 피지분비의 과다 현상이 원인이 된다. 가려움증이 동반되는 기름기 있는 인설이 주로 두피 안면, 목, 가슴, 겨드랑이와 생식기 주변에 생기는 피부질환이다.

13) 습진

피부가 건조해지면서 거칠어지고 피부의 각질이 부풀어서 껍질이 벗겨지는 피부질환이다. 선천적으로 예민한 피부에 발생할 확률이 높다.

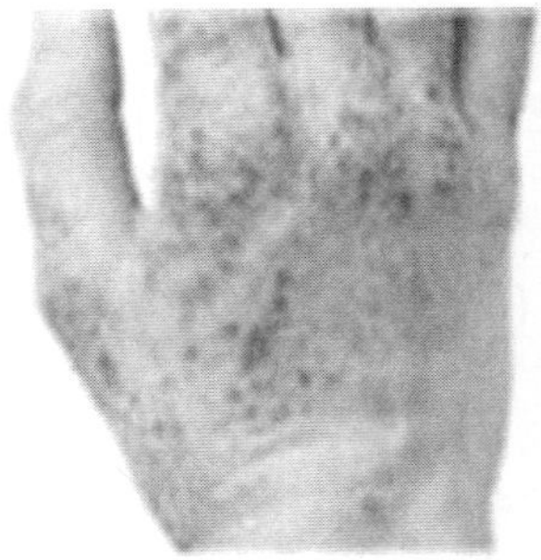

그림 4-25 습진

(1) 주부습진

물이나 합성세제 같은 강한 알칼리성 물질에 의한 자극으로 생성되며, 대부분 손에서 나타난다.

(2) 유아습진

기저귀로 인하여 생기는 습진이다.

14) 사마귀

바이러스에 의해 피부가 과각질화 현상이 생기는 것으로 피부를 통한 바이러스의 감염 때문에 나타난다. 전기소작법, 냉동요법, 이산화탄소 레이저를 이용한 치료법이 있지만, 피부에서 자연적으로 사라지기도 한다.

15) 티눈

발가락이나 발바닥에 신발의 계속적인 압박으로 인하여 생기는 각질층의 증식 현상이다. 발 모양이나 작은 신발 혹은 높은 굽의 신발에서도 원인을 찾을 수 있다.

16) 굳은살

각질층이 두터워지는 현상으로 통증이 없고 압박을 제거하면 자연히 소멸된다.

17) 무좀

(1) 곰팡이에 의하여 발생하며 더운 온도에서 발생 빈도가 높다.

(2) 피부색이 밝게 변하며 살이 연해져서 수포와 피부의 균열이 일어나 피부껍질이 벗겨진다.

(3) 가려움증이 동반되고 발열이 있으며 통증이 따르기도 한다.

18) 피부 건조증

(1) 진피층에 수분의 양이 줄어들면서 피부의 각질이 일어나고 홍반이 생겨 피부가 트는 현상이다.

(2) 난방이 너무 잘 되어있거나 온풍기 바람을 오래 쐬면 발생(겨울철)하기 쉽다.

(3) 목욕 시에는 물과 오일을 함께 사용하고, 목욕 후 유분기 많은 로션이나 오일을 바른다.

19) 성망상 혈관종

(1) 진피의 유두층에 위치한다.

(2) 간 기능 질환에 의하여 발생한다.

(3) 부분적인 혈관의 확장에 의해서도 발생한다.

(4) 얼굴, 가슴, 손등에도 생길 수 있다.

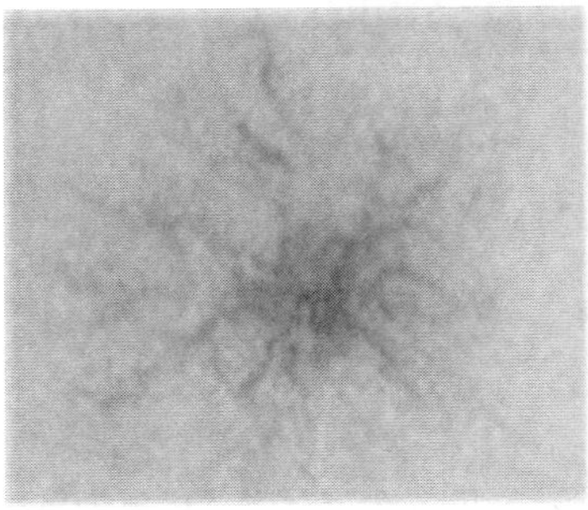

그림 4-26 성망상 혈관종

20) 오타씨 모반

(1) 동양인 중에서 특히 중년의 한국인에게 매우 흔한 피부질환으로, 악성기미로 불리며, 사춘기 이후 광대뼈 부위에 기미가 낀 듯이 나타난다.

(2) 눈밑과 콧등에까지 퍼지는 색소성 피부질환이다.

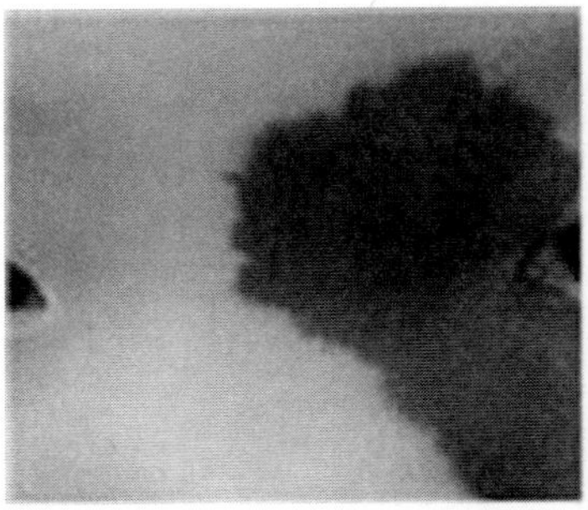

그림 4-27 오타씨 모반

21) 주사

(1) 소화기능의 이상이다.

(2) 비타민류의 결핍이다.

(3) 정신적 스트레스가 원인이다.

(4) 유전적 내분비 장애와 혈액순환이 원만하지 않아 출혈이 오는 증상이다.

(5) 피부조직이 확장되고 모세혈관이 파손된 상태를 말한다.

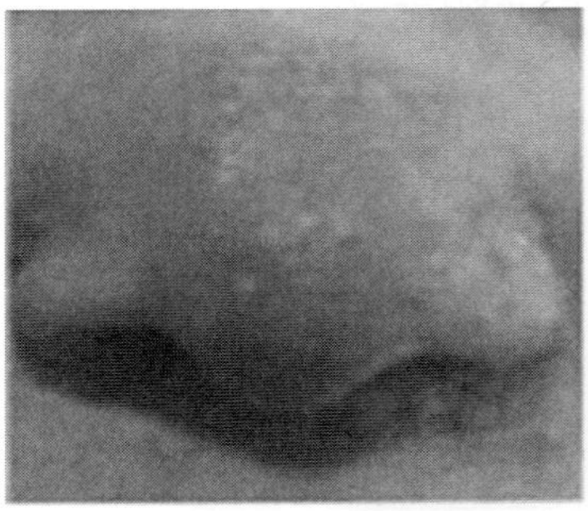

그림 4-28 주사

22) 한관종(syringoma)

(1) 직경 2~3mm 정도의 황색 또는 피부와 같은 색의 구진으로 주로 눈가나 하검 주위에 발생한다.

그림 4-29 한관종

(2) 땀샘의 기능 이상으로 발생한다.

(3) 레이저, 냉동요법, 전기소작술로 제거된다.

23) 지방종(lipoma)

(1) 피하조직의 지방조직에 형성되는 흔한 양성종양으로, 주로 유전으로 목과 겨드랑이에 잘 형성된다.

(2) 치유는 필요시에만 단순절제법으로 제거된다.

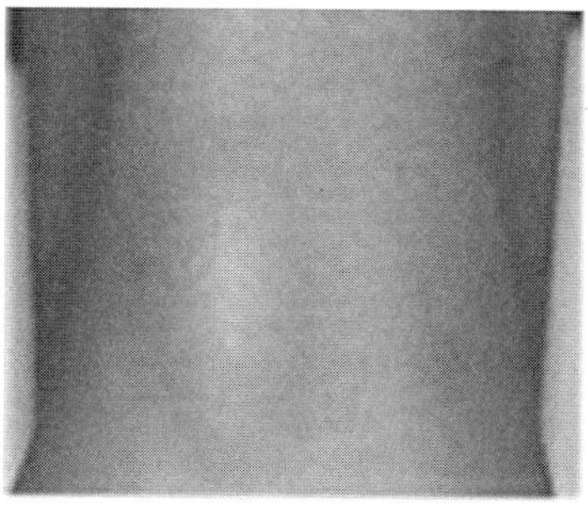

그림 4-30 지방종

Chapter

05

피부관리 위생

1. 피부관리실의 위생
2. 감염요소
3. 감염원인과 경로
4. 피부관리실의 위생관리

CHAPTER

05 피부관리 위생

1 피부관리실의 위생

1) 위생의 개념

위생이란 건강의 유지와 증진을 도모하기 위하여 질병의 예방이나 치료에 힘쓰는 일을 말한다. 즉, 질환을 일으키는 무생물체나 미생물에 감염되는 것을 예방하기 위해 오염제거 과정을 통해 무생물체에 있는 미생물을 안전한 수준까지 제거하는 과정을 위생이라고 한다. 위생의 과정은 세척을 통한 청결, 소독, 살균, 멸균 등의 방법으로 이루어진다.

2) 피부관리실의 위생

피부관리실의 환경과 사용하는 도구 등이 비위생적으로 관리되었을 때 고객뿐만 아니라 피부관리사도 감염에 노출될 수 있다. 그러므로 피부관리사는 개인위생뿐만 아니라 피부관리실과 사용한 기구의 위생관리를 철저하게 해야 할 의무가 있다.

2 감염요소

미생물은 현미경이 아니면 볼 수 없는 아주 작은 단세포 생물이다. 크게 세균, 바이러스, 진균으로 나눈다.

미세한 단세포 생물을 '세균,' '박테리아'라고 한다. 세균은 공기, 먼지, 오물, 쓰레기, 죽은 세포조직, 인체의 피부, 노폐물, 의복 등에 존재하며, 곰팡이류나, 효모, 사상균, 박테리아, 바이러스 등은 피부관리실 내에서 병을 일으킬 수 있다.

피부관리사들은 위생에 필요한 도구의 사용과 다른 개인적인 물건으로부터 감염성 세균으로 인해 질병에 전염되지 않도록 위생관리에 철저해야 한다.

병원성 미생물은 사람이나 동물 또는 식물에 침투하여 질병을 일으키는 세균으로, 번식력이 빠르고 독성을 생성하여 감염이나 질병을 확산시킨다. 병원성 미생물은 생물학적으로 세균, 바이러스, 진균, 리케차, 원생동물, 클라미디아 등 여섯 가지로 나눌 수 있다

(1) 세균

세균은 단세포 생물이며, 생명체들 중에 가장 많이 번성하고 있으며, 형태에 따라 세 가지로 구분된다.

① 구균

㉠ 포도송이 모양으로 번식한다.

㉡ 종양, 농포, 종기의 원인균인 포도상구균이다.

㉢ 급성인후염을 일으키는 연쇄상구균이다.

② 간균

길고 가느다란 막대 모양의 세균으로, 파상풍, 감기, 홍역, 결핵, 디프테리아, 탄저균 등을 일으키는 원인균이다.

③ 나선균

세포벽이 얇고 탄력성이 있는 나선형 또는 S모양으로 콜레라균과 매독균이 이에 속한다.

(2) 비병원성 세균

① 비병원성 박테리아는 사람과 함께 공생하면서 해를 주지 않는 유익한 세균들이다.

② 음식물이나 산소를 생산하는데 도움을 주고 음식물을 분해시켜 소화 작용을 도와준다.

③ 피부, 구강, 대장, 질 등에 존재하며 병을 일으키지는 않는다.

(3) 세균의 성장과 증식

① 세균은 적당한 환경과 충분한 영양분에 의해 성장하고 증식한다.

② 세균에 따라서 고온이나 생활환경이 악화되면 세포 내에 아포를 형성하는데, 이를 포자라 한다.

③ 포자는 내열성이 강해 100℃ 이상 가열해도 죽지 않고, 121℃에서 15분간 고압 증기로 멸균해야 완전히 사멸된다.

(4) 바이러스

① 살아있는 생명체 중 가장 작다.

② 매우 작은 입자의 형태를 가지고 있다(전자현미경을 이용해야만 확인 가능).

③ 세균여과기로도 분리할 수 없다.

(5) 진균

① 핵막을 가진 진핵생물을 진균류라 한다.

② 진균은 아포를 형성하는 식물로 버섯, 효모, 곰팡이가 이에 속한다.

③ 진균류는 그 종류도 다양하여 약 8,000여 종에 이른다.

④ 두부백선, 체부백선, 족부백선 등의 피부 감염을 일으킨다.

(6) 리케차

① 세균과 바이러스의 중간에 속하는 미생물이다.

② 이, 진드기, 벼룩 등의 흡혈성 절지동물에 기생한다.

③ 감염 시 발진성과 열성질환이 발생한다.

3 감염원인과 경로

1) 감염의 경로

(1) 호흡을 통한 감염

(2) 물이나 음식물의 섭취를 통한 감염

(3) 불청결한 신체를 통한 감염

(4) 코, 눈, 귀를 통한 감염

(5) 비위생적인 기구 및 비품에 의해서 감염

(6) 비위생적인 환경을 통한 감염

피부미용 분야에서의 위생은 고객과 관리사 자신의 위생을 위해서도 매우 중요하다. 피부관리 시 감염이나 부상은 도구나 장소가 위생적이지 못할 경우 발생하므로 위생적인 처리가 매우 중요하다. 고객과 관리사의 감염 방지 및 위생을 위해 관리실은 물론 사용되는 도구와 위생 그리고 살균 방법 등을 정확히 알고 대책을 세워야 한다.

일반적인 피부관리실의 위생 예방법은 다음과 같다.

① 유니폼과 신발은 항상 깨끗하고 단정하게 한다.
② 전문적 지식과 기술(실력) 향상을 위해 노력하며, 친절한 서비스 정신을 갖춘다.
③ 구취, 몸 냄새가 나지 않도록 몸을 상쾌하고 청결하게 한다.
④ 관리 전후 항상 손을 씻고, 손톱은 짧고 청결하게 유지한다.
⑤ 관리 중간에 다음 작업을 연결할 때에도 손 소독을 반드시 한다.
⑥ 바닥에 떨어진 물건은 소독하여 사용한다.
⑦ 화장품 사용 시 스파츌라로 덜어서 사용하고 뚜껑은 반드시 닫아준다.
⑧ 한 번 사용한 타월과 해면, 스파츌라 등 작업 도구는 소독하여 사용한다.
⑨ 필요시 마스크를 착용한다.
⑩ 모든 작업 표면은 적절한 소독방법으로 청소하여야 한다.
⑪ 화학용품 사용 시 사용 방법을 꼭 습득하여야 한다.

2) 감염원의 처리방법

(1) 세척

세척은 대상물로부터 모든 이물질을 제거하는 과정이다. 물, 기계적 마찰, 세제 등으로 오염물을 제거하는 처리방법으로, 소독과 살균의 전 단계로 매우 중요하다.

(2) 소독과 멸균

① 소독

㉠ 소독은 모든 종류의 박테리아가 인체에 해를 끼치지 않도록 처리하는 과정이다.

㉡ 감염원 및 감염경로 대책의 하나로서 중요하다.

㉢ 소독의 구비조건

- ▹ 언제 어디서나 사용할 수 있어야 한다.
- ▹ 경제적이고 사용방법이 간편해야 한다.
- ▹ 소독의 효과가 있어야 한다.
- ▹ 부식성, 표백성이 없고, 용해성이 높으며 안전해야 한다.
- ▹ 인체에 해를 주어서는 안 된다.

㉣ 피부 소독

- ▹ 병원이나 살롱에서 피부의 화학적 살균을 보통 방부라 한다.
- ▹ 여러 화학 살균제는 피부와 점막을 너무 자극해서 소독제로서 사용할 수 없다.
- ▹ 소독제들을 피부에 적용할 때 피부 표면의 미생물들의 수를 빠르게 감소시킨다.
- ▹ 심부의 모낭 또는 피하의 표면 소독에도 쓰인다.

② 멸균

㉠ 멸균은 감염의 원인인 병원체를 사멸하는 것이다.

㉡ 살균도 멸균과 동의어로 쓰인다.

3) 소독방법

(1) 자연소독방법

① 희석

감염원을 다량의 공기나 물에 희석시키면 세균은 군란을 형성할 수 없으므로 발육이 지연되고, 감염원을 희석하여 주는 것만으로도 소독을 실시한 것처럼 세균수를 감소시키고, 더 이상 증식할 수 없게 할 수 있다.

② 자외선

㉠ 자외선을 이용한 일광소독을 통한 살균 작용으로 이불, 수건 등을 소독할 수 있다.
㉡ 내부 침투력이 약하기 때문에 물체의 표면 소독에 주로 사용한다.

③ 건열을 이용한 방법

열이나 불에 태워 박테리아를 살균한다. 종류로는 화염멸균법, 건열멸균법 및 소각소독법이 있다.

④ 습열멸균법

습열에 의한 방법은 수분이 열전도의 매체 역할을 담당하기 때문에 수분의 존재로 인하여 미생물 단백질의 응고가 촉진되어 멸균 효과가 커지게 된다. 습열멸균법의 종류에는 대표적으로 끓여서 소독하는 열탕소독법과 온도가 낮은 상태에서 소독하는 저온소독법이 있다.

(2) 물리적 소독방법

열이 가장 많이 이용된다.

① 열처리

㉠ 소각처리

▹ 일회용 물질이나 종이, 천 등 재활용이 불가한 품목을 불에 태워 처리하는 가장 쉽고 안전한 방법이다.
▹ 안전기준에 부합되고 일정한 시설에서 소각해야 한다.

㉡ 건열멸균법

▹ 건열에 의해 미생물을 산화 또는 탄화시켜서 멸균하는 방법이다.

▹ 고온에서 안전한 내열성 물질을 멸균하는데 효과적인 방법이다.

▹ 보통은 실험기구·의료기구 등에 쓰인다.

▹ 150~180℃에서 30분간 가열함으로써 멸균시킨다.

㉢ 자비처리

▹ 식기 · 소형 천 등 일상생활에서 가장 흔히 쓰이는 처리법이다.

▹ 100℃에서 20분 이상 즉각 끓임으로써 아포를 제외한 대부분의 미생물이 살균된다.

▹ 멸균이 되지는 않는다.

㉣ 고압 증기멸균법

▹ 고온(132℃)에서 20분간 증기 소독하는 방법이다.

▹ 침투력이 우수하여 아포를 포함한 모든 미생물을 빠른 시간 내에 사멸시키는 가장 효과적이고 독성이 없는 경제적인 방법이다.

▹ 가장 확실하고 안전한 멸균법으로 병원 등에서 이용된다.

② 방사선멸균

㉠ 식품이나 파멸균물에 코발트(Co)나 세슘(Cs)과 같이 방사선을 대량으로 방출할 수 있는 방사선원을 이용하여 멸균하는 방법이다.

㉡ 투과력이 매우 강하며, 포장된 물품의 멸균을 가능하게 하며, 짧은 시간 내에 멸균효과를 얻을 수 있다.

③ 여과법

㉠ 열에 불안정한 약품 또는 가열에 의해 변질을 일으키는 혈청, 당, 요소 등과 같은 재료의 멸균이나 바이러스의 분리, 세균의 대사물질을 분리할 때 이용되는 소독방법이다.

㉡ 병실 · 수술실의 배기와 각종 멸균실에 이용되고 있다.

④ 초음파살균법

㉠ 음파를 이용하여 화학반응, 유화 작용, 기계적 작용, 가열 작용으로 미생물이

살균되는 성질을 이용한 방법이다.

㉡ 신속하게 살균되지만 살균력을 정확히 측정하기 어려운 단점이 있다.

(3) 화학적 소독방법

계면활성제, 할로겐 및 그 화합물, 알코올류, 가스상(狀)으로 작용하는 약품 등을 이용한 소독법이다.

① 알코올

알코올류 중 살균제로 이용되는 것은 에탄올과 이소프로판올이다. 알코올은 70~90% 희석액을 사용하는데, 미생물의 단백질 변성이나 대사 기전을 저해시켜 소독 작용을 갖는다.

그러나 세균포자 및 사상균에 대해서는 살균 효과가 없다. 알코올은 살균제로서 항균 효과를 가지고 있으며 쉽게 증발되고, 가격이 저렴하며, 무색이라는 장점이 있다.

② 계면활성제

계면활성제는 계면장력을 저하시키는 능력을 갖고 있는 화합물의 총칭이다.

계면활성제는 양이온, 음이온, 비이온성 및 양성 계면활설제로 구분되며, 살균력이 가장 우수한 것은 양이온 계면활성제이다.

유화, 침투, 세척, 분산 및 기포 등의 특성을 가지고 있어 미생물의 발육을 저지하고, 살균 작용을 나타낸다.

바이러스는 종류에 따라 효과가 일정하지 않으며. 결핵균에는 역성비누가 효과적이다.

③ 크레졸 비누액

㉠ 크레졸은 물에 잘 용해되지 않으므로 크레졸 비누액으로 만들어 사용한다.

㉡ 소독력은 석탄산의 2배이며, 사용 농도는 2~3%의 수용액이다.

㉢ 보통의 세균, 결핵균에 작용하지만 아포와 바이러스에는 효력이 없다.

㉣ 단점은 냄새가 강하고, 용액이 혼탁한 점이 있다.

④ 과산화수소

강력한 산화력에 의하여 미생물을 살균할 수 있는 소독약이다. 과산화수소의 분해에 의해 발생되는 산소가 강력한 산화력을 나타낼 뿐 아니라 표백, 탈취 및 살균작용을 한다.

㉠ 과산화수소는 무독성 살균제이다.
㉡ 과산화수소 분자는 불안정해서 쉽게 물과 산소로 분해된다.
㉢ 3%의 용액은 상처를 세척하고 소독하는데 사용된다.
㉣ 상처를 오염시킬 수 있는 혐기성 세균은 토양과 관계가 있기 때문에 혐기성 세균에 대한 과산화수소의 효과는 매우 중요하다.

⑤ 할로겐 화합물

할로겐의 살균력은 대부분 강력한 산화 작용에 의해 세포 내 단백질의 활성을 파괴시킨다.

⑥ 요오드 화합물

바이럿, 세균, 곰팡이, 원충류 등 광범위한 미생물에 대한 살균력을 가지고 있다. 요오드는 증기를 이용한 살균에도 유효하다.

㉠ 아포도 살균시킬 수 있다.
㉡ 많은 원생동물에 대해서도 효과적이다.
㉢ 종종 피부의 미생물을 소독하기 위해 작은 상처에 사용된다.

⑦ 페놀 화합물

페놀 화합물에는 페놀, 크레놀, 헥사클로로펜 등이 있으며, 석탄산이라고도 한다. 세균 포자나 바이러스에는 효과가 거의 없다.

⑧ 염소

㉠ 염소는 세포질막을 파괴하고, 효소를 불활성화시켜서 미생물을 사멸시킨다.
㉡ 상수도의 염소 처리는 대부분의 지역에서 식수를 소독하기 위한 표준처리법으로 사용된다.
㉢ 병원미생물의 확산을 최소화하기 위해 하수처리장으로부터 나오는 하수를 살균하는데 사용된다.

⑨ <u>알데히드</u>

알데히드는 단백질을 변성시킴으로써 미생물을 사멸시킨다.

⑩ <u>산화 에틸렌가스</u>

㉠ 60℃ 온도에서 12% 산화 에틸렌가스에 수시간 동안의 노출로 소독이 된다.

㉡ 병원에서 주사기, 수액 세트, 플라스틱 제품 등을 살균하는데 사용된다.

⑪ <u>오존</u>

㉠ 오존은 세포와 생화학물을 산화시켜서 미생물을 사멸시키는 강한 산화제이다.

㉡ 염소 소독과 달리 오존 소독은 잔여물이 남지 않아 일부 지역에서는 식수를 살균할 때 오존을 사용한다.

㉢ 최근 살균 목적을 위한 오존 소독의 광범위한 도입을 경제적인 이유로 제한하고 있다.

⑫ <u>중금속</u>

미생물은 수은, 은, 구리와 같은 중금속에 의해 생장이 억제된다.

⑬ <u>색소류</u>

세균 발육저지제 또는 살균제인 다양한 염료가 살균제로 널리 사용된다.

⑭ <u>머큐로크롬</u>

최초의 유기수은 소독제이다.

⑮ <u>산</u>

㉠ 여러 가지 산이 살균제로 사용된다.

㉡ 5% 농도의 초산은 살균성이 있으며, 좀 더 낮은 농도의 초산은 세균의 발육을 저지한다.

㉢ 1% 초산 용액은 때때로 외과 처치에 사용된다.

4 피부관리실의 위생관리

피부관리실은 무엇보다도 위생관리가 철저히 이루어져야 한다. 각 공간별, 실내환경 위생, 사용비품 및 기구, 기계의 소독과 고객의 피부를 직적 접촉하게 되므로 피부관리사의 개인위생이 철저하게 이루어져야 한다.

1) 피부관리실 위생

(1) 피부관리실의 환경위생

① 냉난방시설

피부관리실은 고객의 체온이 보호되도록 너무 부족하거나 지나치지 않는 일정한 온도가 유지되도록 주의하여야 한다.

② 환기, 공기청정

온도, 빛, 습도와 같은 환경 인자는 생체 리듬에 많은 영향을 미친다. 샤워룸이나 욕실의 습기가 잘 배출되지 않으면 실내 습도가 높아져 고객의 체온 변화나 컨디션 변화를 일으키기 쉽고, 감기에 걸리기 쉬우므로 가습기를 사용하고, 공기청정기를 설치하는 것이 바람직하다.

③ 채광, 조명

피부관리실의 채광과 조명은 상담공간과 관리공간을 다르게 연출하고, 프런트와 로비는 밝은 자연 채광이 좋으며, 청결하게 유지되도록 한다.

④ 위생

고객용 타월과 위생컵 등을 비치하고 사용한 비품 및 소품의 청결 상태를 점검하며, 샤워실의 벽과 바닥은 소독제를 사용하여 깨끗하게 청소한다.

대기실, 피부관리실, 샤워실 등 고객이 사용하는 공간은 항상 깨끗하고, 청정한 상태가 유지되어야 한다.

⑤ 점검 사항

㉠ 입구－출입문의 유리 및 손잡이, 현관 매트 및 주변의 정리 정돈 상태

㉡ 상담실－상담실 내부의 정리 정돈(고객카드, 안전점검. 티슈 비치 등)

㉢ 탈의실－탈의실 내의 청결 상태, 가운 청결, 슬리퍼 청결

㉣ 관리실 내부－웨곤 위 선반 정리 및 화장품과 소모품 등의 정리 및 청결 상태, 타월, 베드커버, 담요의 청결 상태, 환기 상태 및 내부 환경 상태(온도 및 습도, 환기)

㉤ 화장실－화장실은 항상 청결을 유지하고 살충제 및 소독제를 정기적으로 살포하고, 좌변기는 일회용 시트를 사용하며, 방향제 등을 비치하여 후각적인 면에서도 관리하고, 고객용 타월, 티슈를 잘 비치하고 위생적으로 관리한다. 휴지통 관리, 세면대, 변기의 소독, 비누, 종이타월 점검, 방취 및 환기관리

㉥ 대기실－소파, 테이블, 액자관리, 잡지, 자료의 관리

(2) 사용기구의 위생관리

① 사용한 기구 및 비품은 오염원과 병원균을 제거하기 위해 세척, 소독, 살균의 절차를 통해 위생관리한다.

② 피부관리를 할 때 사용하는 기구와 도구는 피부와 접촉하는 것이므로 철저히 소독하도록 한다. 소독이 어려운 기구나 기기들은 가급적이면 알코올로 닦아 사용하는 등 청결 상태를 유지하도록 한다.

(3) 피부관리사의 개인위생

① 개인위생, 공중위생, 환경위생에 관한 철저한 개념을 가지고 건강을 유지한다.

② 피부관리실의 환경위생, 사용도구 및 기구, 화장품과 비품의 위생관리를 철저히 한다.

③ 깨끗한 복장, 손과 손톱의 위생 및 구강위생 등의 개인위생관리를 철저히 한다.

Chapter

06

피부와 태양광선

1. 일광

2. 광선의 분류

CHAPTER 06

피부와 태양광선

1 일광

인간의 생활은 태양광선을 떠나서는 존재할 수가 없다. 인류는 태양을 신으로 모셔 숭배했을 뿐만 아니라 햇빛으로 병을 치료하기도 했다.

1900년대까지 일광요법은 빈혈, 구루병, 피부병 등의 치료에 이용되었다. 그 효과가 과장되기도 하여 피부를 그을리는 것이 피부미용에 좋다고 여겨져 한때는 부유층의 유행을 불러일으키기도 하였다. 그러나 1983년 미국 뉴욕에서 열린 제1차 세계 피부과학회 총회에서 태양광선과 각종 피부병과의 함수 관계를 밝혀주는 연구 결과들이 발표되어 인식이 크게 달라졌다.

현재는 자외선에 의한 피부암 발생 문제가 심각해져 미국의 피부암 환자 40여만 명 중 80%가 자외선에 의한 것으로 밝혀졌다. 피부암 문제가 심각하지 않아도 각질층이 두꺼워진다거나 멜라닌 색소가 증가하여 기미의 원인이 된다거나 노화현상이 빨리 오게 되는 것만으로도 일광이 피부에 주는 해가 크다고 볼 수 있다.

1) 햇빛의 피부 반응도

개인과 피부 부위에 광선의 영향을 받는 것은 광선에 대한 감수성에 따라 다르다.

(1) **연령별에 따른 감수성** : 20~29세 때에 가장 민감하고, 30~39세 때에는 다소 민감하며, 10~19세 또는 40~49세 때에는 반응에 가장 약하다.

(2) **몸의 부위별에 따른 감수성** : 등과 얼굴(코)이 가장 민감하고, 그 다음으로 상완내측, 상완외측, 손바닥, 발바닥의 순으로 감수성이 약하다.

2) 햇빛의 과다노출에 의한 반응

(1) 진피의 콜라겐섬유, 생성 저하로 탄력 저하와 주름이 생긴다.
(2) 더욱 강하면 표피에 영양분을 공급하지 못하여 피부가 얇고 건조해진다.
(3) 세로의 단백질에 분해되어 생긴 물질이 붉은 반점과 부종을 일으킨다.
(4) 피부화상은 2도까지 일어날 수 있다.
(5) 피부세포 내 DNA의 돌연변이가 일어나 암세포가 생성된다.
(6) 백혈구의 기능을 변화시켜 신체의 면역체계를 파괴시킴으로써 암의 진전에 대한 저항이 떨어진다.

2 광선의 분류

태양에서 발생하는 빛은 파장에 따라 적외선(infrared light, 1,500~760nm), 가시광선(visible light, 760~400nm), 자외선(ultraviolet light, 400~200nm)으로 나눈다.

적외선은 총 햇빛의 60%를 차지하고, 열선이며, 따뜻한 빛이다. 가시광선은 햇빛의 32%를 차지하고, 광생물학적 반응에 크게 관여하지 않고 눈의 망막을 자극하는 역할을 한다. 자외선은 햇빛의 8%를 차지하며, 화학선이며, 찬 빛의 성질을 가지고 있다.

1) 자외선(ultraviolet rays)

자외선은 1801년에 독일의 화학자 리테르(J. W. Ritter)가 발견하였다. 불가시광선으로 열이 없어 찬 빛이라고도 한다. 또한 화학 작용을 일으키므로 화학선이라고도 부른다.

자외선 중 단파장은 지표에까지 닿지 않으며 자외선의 양은 고도, 지형적 위치, 날씨, 대기 조건, 계절에 따라 다르다.

또한 자외선은 식물과 동물의 성장을 위해 필요하며 질병에 대한 저항력을 증진시키나 과도하게 쬐이면 생체에 파괴적인 작용을 한다.

피부미용적인 면에서의 자외선은 조기노화를 촉진시킨다. 적당한 일광은 피부 저항력도 증가시키고 체내의 비타민 형성도 촉진되어 건강을 유지할 수 있으나, 지나치면 일종의 피부 방어 작용에 의하여 멜라닌 색소가 증가하여 색소가 침착하게 되는데, 이는 일종의 기미와 주근깨의 원인이 된다.

또한 수분 손실로 인하여 조기노화를 촉진하게 된다. 피부의 광노화는 주로 자외선 A, B에 의하여 일어나게 되는데, 자외선을 지나치게 많이 받을 경우에는 일광화장, 시력감퇴, 백내장 등이 유발되며, 질병에 대한 저항력이 약해지게 된다.

자외선의 양은 연간 4월~8월에 가장 많으며, 하루 양은 오전 10시~오후 2시에 가장 많다. 자외선이 피부에 미치는 영향을 고려하여 4계절 동안 지속적인 대책이 필요하다.

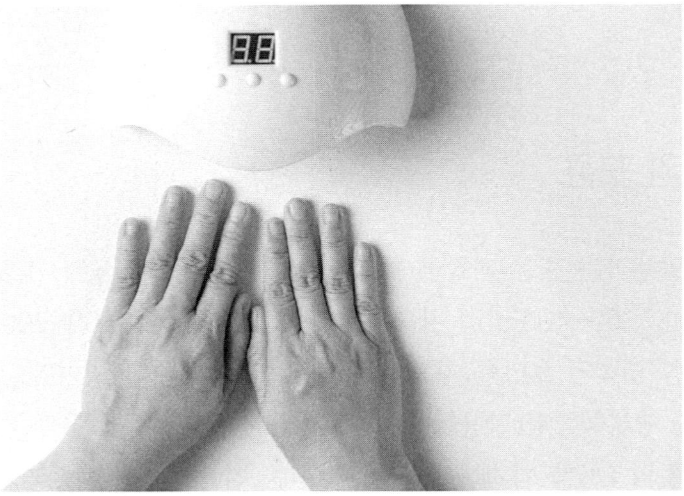

그림 6-1 자외선 소독기

(1) UV - A(320~400mm)

일상 생활에서 가장 쉽게 접하는 생활광선이다.

① 유리를 통과하는 장파장

② 피부의 진피층까지 침투하여 주름을 형성, 색소침착을 유도

③ 자외선 중 가장 긴 파장이지만 에너지는 가장 약하다.

④ 피부 깊숙이 침투하여 조기노화의 원인

⑤ 인공 썬탠기에 이용된다.

(2) UV - B(290~320nm)

파장은 UV - A보다 짧으나, 에너지는 더 강하여 피부에 좋지 않은 영향을 미친다.

① 중파장이며 비타민 D를 생성한다.

② 유리창에 의하여 어느 정도 차단되는데 기미와 피부 건조의 원인이다.

③ 피부가 붉어지거나 붓거나 물집이 생기는(sun burn) 등의 결과를 낳는다.

(3) UV - C(200~290nm)

유리를 통과하지 못하며, 피부색과는 상관없지만 세포 손상을 주는 인체에 해로운 자외선으로 피부암을 일으킨다.

① 단파장으로 가장 강한 자외선이다.

② 대기권에서 오존층에 흡수되어 지구 표면에 도달하지 않으나 최근 오존층의 파괴로 인해 많은 문제가 되고 있다.

③ 살균 소독기에 이용된다.

④ 최근에는 오존층의 파괴로 인하여 사람뿐만 아니라 생태계를 위협하는 위험 요소이다.

(4) 자외선에 대한 피부의 기능

① 반사, 산란 작용을 한다.

② 흡수 작용을 한다.

(5) 일광 과민 현상

자외선이나 가시광선 때문에 피부에 문제가 생기는 현상이다.

① 썬번

㉠ 홍반 반응을 일으킨다.

㉡ 피부가 빨갛게 되는 현상이다.

㉢ 히스타민에 의해 혈관이 확장되어 혈관벽의 투과력을 증가시켜 홍반을 초래하는데, 심하면 전문의의 치료를 받도록 한다.

㉣ 대체로 찬 우유, 2%의 붕산수, 감자 등을 이용해 진정시킨다.

㉤ 피부 타입에 따라 다르게 나타난다.

② 광알레르기

㉠ 선천적, 호르몬제, 설파제, 내복 당뇨병약, 내복 무좀약, 이뇨제, 인공감미료 등의 원인으로 나타나는 현상이다.

㉡ 차단제를 철저히 사용하거나 햇빛을 받지 않도록 유의한다.

③ 광독 현상

㉠ 표면에 인광물질이나 형광물질, 향수(버가모트)가 묻어있을 때 나타나는 색소침착 현상이다.

㉡ 향수의 경우 자외선과 물과 만나면 염증이 생기다가 줄무늬 모양의 색소가 침착된다.

④ 일광화상

㉠ 자외선에 과다한 노출로 인해 UV-B에 의해 화상을 입게 된다.

㉡ 대략 4~6시간의 잠복기 후에 발생하며 24시간 내 최고에 달한다. 처음에는 부위가 붉게 되고 부풀어 오르다가 심해지면 물집이 생기고, 오한, 발열 등 전신 증상으로 나타난다.

→ 피부노화가 빨리 나타나고 아주 심하면 피부암으로 발전되어 합병증이 생기면 거의 치료가 불가능하게 된다. 차단제를 이용해 미리 예방하는 차원이 매우 중요하며 화상이 발생하면 냉찜질을 하고 전문의의 치료를 받도록 한다.

(6) 자외선의 강도와 양

자외선의 강도는 고도, 지형상의 위치, 날씨, 대기조건, 계절 및 받는 부위에 따라 다르다.

① 계절 : 자외선은 4월경부터 서서히 강해지는데 5월경부터 9월경까지가 자외선의 양이 가장 많은 때로, 하지인 6월 21일경이 최고점이 된다.

② 시간 : 정오를 기점으로 오전 10시경부터 오후 2시경이 최대로 강하다.

(7) 광알레르기 물질과 광방어 미용성분

① 광알레르기 유발 가능 물질

자외선이 피부에 닿으면 가려움증과 색소침착, 붉은 발진, 좁쌀 같은 발진 등 알레르기를 유발하는 경우가 있다. 이뇨제, 인공감미료, 당뇨병 약, 설파제가 함유된 약품들을 들 수 있다.

② 자외선으로부터 피부를 보호해 주는 광방어 미용성분

㉠ β-케로틴 : 캐롯(carrot, 당근)에서 추출한 성분

㉡ γ-오리자놀 : 쌀의 배아(쌀눈)에서 추출한 성분

㉢ 초산토코페롤 : 맥아유에서 추출한 성분

㉣ 초미립자 이산화티탄 : 0.02~0.05mm 크기의 백색 분말 이산화티탄으로 자외선을 반사, 산란시키는 메이크업 제품 성분

→ M.A.P-400(Multi Action Powder) : 초미립자 이산화티탄을 자외선 차단제로 캡슐화시켜 자외선 차단 효과를 극대화한 것

㉤ 율무 추출물 : 율무에서 추출한 천연 성분

㉥ 치자 추출물 : 치자 열매에서 추출한 천연 성분

(8) 자외선 차단 제품 종류

① 자외선 흡수 제품(화학적 성분) : 벤조페논계, 파바, 메칠, 안트라나닐산 등

썬크림 등의 자외선 차단 제품을 피부에 발랐을 때 자외선이 썬크림에 들어 있는 자외선 흡수 물질에 의해 흡수되어 피부에 침투하지 못하게 만든 제품이다.

예 벤조페논계, 파바(PABA, para-aminobenzoic acid), 메칠 안트라나닐산 등

② 자외선 산란제품(물리적 성분) : 이산화티탄, 산화아연, 탈크, 카올린 등

썬스크린 제품을 피부에 발랐을 경우 자외선이 피부 표면에 흡수되는 것이 아니라, 산란 물질에 의해 자외선이 침투되는 것을 반사 산란시키도록 만들어진 제품이다.

예 이산화티탄, 산화아연, 우모, 탈크, 카올린 등

③ 자외선 차단제의 보호 작용 : Sun tan 제품, sun block 제품

㉠ Sun tan 제품 : UVB는 차단, UVA는 통과, 곱게 색소를 만들어주는 제품으로

대체로 지수가 낮은 것을 말한다.

㉡ Sun block 제품 : UVA, UVB, 모두 차단시켜 주는 제품이다. 대체로 지수가 높은 것이 차단 능력이 크다.

▹ UVA 차단 성분으로 벤조페논(benzo phenon)계는 피부 부작용 유발의 위험성 때문에 거의 사용하지 않고 주로 메칠 안트라닐산이 사용되고 있다.

▹ UVB 차단 성분으로 파바(PABA) 역시 UVB의 차단 효과가 높으나 피부 부작용 유발 때문에 거의 사용하지 않는다.

▹ 현재 관심을 끌고 있는 썬스크린 성분 원료 중 배양 멜라닌 색소가 있는데, 이것은 인체 피부세포의 멜라닌 색소와 그 화학적 조성이 동일함으로써 피부에 가장 안전하지만, 가격이 고가인 점이 단점이다. 그 외 자외선 차단 성분들이 물에 너무 쉽게 용해되는 것을 방지하거나 자외선의 반사 작용을 통하여 피부 내 침투를 막아 주는 성분으로 이산화티탄, 아연화, 탈크, 전분, 나일론, 마이카 등이 사용된다.

(9) 자외선에 대한 피부의 기능

각질층이 표피를 보호하지만 각질층이 얇거나 모세혈관 확장증일 경우 이 직사광선은 피하도록 하며, 멜라닌 색소가 진피층을 보호한다. 피부를 보호하면서 건강한 일광욕을 하거나 일소를 방지하기 위해서는 자외선 차단제가 함유된 화장품을 사용한다.

① 반사·산란 작용

피부 표면의 각질층과 세포가 자외선을 반사 · 산란시켜 자외선의 에너지를 약하게 한다. 피부 깊숙이 자외선이 들어가는 것을 막아준다.

② 흡수 작용

㉠ 피부색이 검게 되는 것은 자외선을 흡수하기 위해 멜라닌 색소가 급증하여 피부를 보호하기 때문이다.

㉡ 멜라닌 색소가 적은 흰 피부는 자외선을 흡수하는 힘이 약하기 때문에 일소를 일으키기 쉽다.

(10) 자외선의 작용

① Pro Vitamin D(7 - dehydrocholesterol)를 Vitamin D로 전환시켜 장에서 Ca과 P의 흡수에 관여하여 골격을 강화한다.
② 살균 작용을 한다(UVC를 이용한 자외선 살균소독기).
③ 체내 histamin 생성을 촉진하여 광알레르기성 반응을 일으킨다.
④ 상피조직의 각질화와 박리 현상이 가속화되어 세포의 손상을 초래한다.
⑤ 결체 조직의 손상으로 노화가 촉진되어 안면 윤곽이 거칠어지고 주름이 형성된다.
⑥ 홍반 반응으로 피부가 그을리어 색소 침착 현상을 만든다.
⑦ 인체 감염에 대한 저항력을 강화(세포의 식균 및 항체 생성 작용 강화)한다
⑧ 전신 강장 효과 : 식욕 및 수면 향상, 신경과민 및 흥분감소 효과(자율신경 활동 촉진)가 있다.
⑨ 비타민, 호르몬, 효소의 활성화한다.

(11) 자외선 차단지수(sun protection factor)

① SPF란 피부가 자외선으로부터 보호되는 정도 및 시간을 지수로 나타낸 것이다.
② SPF라는 차단지수를 바탕으로 피부를 자외선으로부터 보호하는 크림이나 로션류를 사용하는데, 자외선을 차단하는 성분으로는 벤조페논(benzophenon), 안티라닐산메칠(methylan thyaniiate), 파바(paba) 등이 있으며, 이 중에서 주로 이용되는 성분이 안티라닐산메칠이다.
③ 자외선이 피부에 닿을 때 반사를 통하여 피부를 보호하는 성분에는 탈크, 이산화티탄, 나일론 성분 등이 있으며, 색조 화장품류에 이용되고 있다.
④ SPF지수는 화장품 회사에 따라 차이가 있으나 일반적으로 SPF 1인 제품을 발랐을 경우 약 10분가량 자외선이 차단되는 것을 의미한다.
⑤ 태양광선의 강약에 따라(계절/1일) 차단지수가 길어지거나 짧아질 수 있으므로 시간이 경과하면 계속적으로 피부에 자외선 차단제를 덧발라 주어야 한다. 특히 색소가 침착된 피부는 연중 자외선 차단제를 사용하는 것이 좋다.
⑥ SPF = 자외선 차단제 사용 시 최소 홍반량/자외선 차단제 비사용 시 최소 홍반량 (지수 하나당 백인 약 10분, 한국인 약 17분)

2) 적외선

(1) 적외선의 효과

① 체온상승 없이 피부에 열을 공급하여 이온시켜 주는 효과가 있다.
② 세균 감염에 대한 저항력을 상승시킨다.
③ 혈액 및 림프의 순환 촉진으로 혈류량을 증가시킨다.
④ 영양 성분의 외피 흡수력을 높여준다.
⑤ 근육의 유연성을 부가시켜 준다.
⑥ 피부세포의 자극으로 세포 활동을 촉진시켜 신진대사의 활성화를 높여준다.

(2) 주의 사항

① 인체와 적절한 간격(50~80cm 이상)을 둔다.
② 조사 시간은 20분을 넘지 않도록 한다.
③ 급성염증 및 화농 부위는 금지한다.
④ 안면 적용 시 눈에는 아이패드를 꼭 착용한다.

(3) 적외선의 적용

① 열을 이용해 순환계 촉진과 피부 이완 효과를 위해 마사지 시 사용한다.
② 팩이나 크림 침투를 높일 때 사용한다.
③ 류머티즘, 근육통, 관절염, 염좌 등의 통증 완화 효과에 사용한다.
④ 타박상, 감기, 피부염, 상처난 곳, 벌레 쏘인 곳 등의 치료에 사용한다.
⑤ 적외선 열로 신진대사 증가, 감각기관 신경자극 효과, 근조직 이완 효과가 있다.
⑥ 전신관리 시 이용한다.

(4) 자외선과 적외선의 비교

자외선	적외선
여름, 가을에 강함	봄, 여름에 강함
살균 작용	진통 완화 작용
무열광선	온열광선
비타민 D 형성	세포 증식 작용

3) 가시광선

가시광선은 눈에 보이는 광선으로 색을 가지고 있으며, 비가 온 후 개이면 무지개로 나타난다.

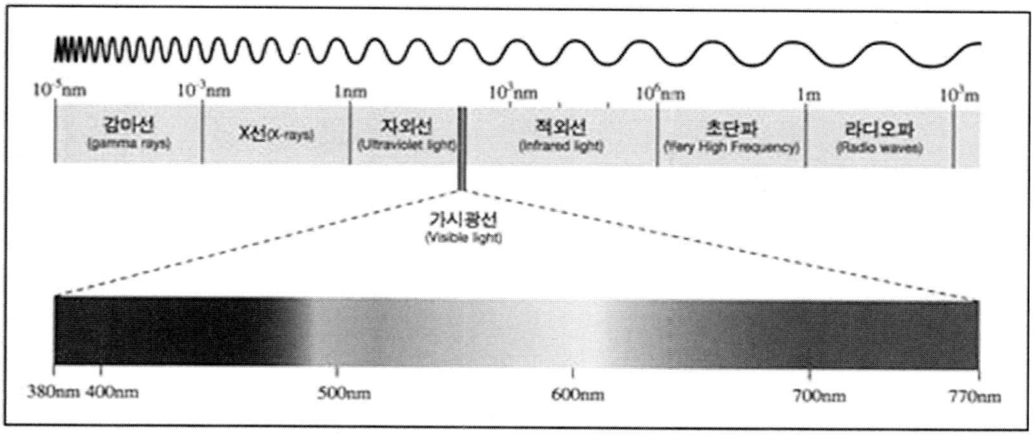

그림 6-2

(1) 가시광선 요법

① 가시광선은 피부 손질과 머리 손질 시에 적용하는데 가시광선을 분류하면 황광선, 적광선, 청광선으로 되어있다.

② 가시광선을 조사할 때는 봉산수에 적신 탈지면으로 눈을 보호한다.

③ 가시광선의 각 색광별로 특이한 효과를 나타내므로 피부 및 전신관리에 이용하는 요법인 칼라테라피가 있다.

④ 피부의 색소는 같은 신체에서도 부위별로 다르게 나타나며, 인종별 유전적 특징에 따라 색깔이 다르게 나타나 동일 인종에서도 차이가 심하다.

⑤ 피부색은 외피의 두께에 따라서도 달라지고 모세혈관이 표면에 가까울수록 또 멜라닌이 적을수록 혈색소의 색깔이 뚜렷이 나타난다.

⑥ 피부색의 조화를 이루는 색소 종류로는 붉은색(헤모글로빈), 갈색(멜라닌), 희고 연한색(케라토히알린), 노란색(카로틴) 등이 있다.

(2) 멜라닌 생합성

① 멜라닌 생성의 시작 물질은 티로신(tyrosin)이다. 이것은 아미노산의 일종으로서 혈액을 통해 피부조직에 이른다.
② 척추동물의 색소는 흑색세포(melanocyte)에서 합성되어 다른 세포로 옮겨간다.
③ 멜라닌 생합성에는 여러 가지 효소가 관여한다.
④ 멜라닌 빛을 쬐이면 왕성하게 생성하고 빛이 없는 조건에서도 생성된다.
⑤ 멜라닌 생성에 관여하는 산화효소의 작용은 막을 수도 있다.
⑥ 멜라닌 형성은 티로신수산화효소(tyrosinase)의 화학 반응에 의해 티로신(tyrosin)으로부터 만들어진다.

(3) 멜라닌의 분포

① 인간은 인종에 관계 없이 색소세포의 수는 다르지 않지만 티로신수산화효소의 운동에 의해 백인, 흑인, 황색인 사이에 차이가 난다.
② 손바닥, 발바닥에는 티로신수산화효소의 운동이 일어나지 않는다.
③ 색소세포의 수는 평균 1,500개/mm^3로 분포한다.
④ 보통 상피세포 10개당 1개씩 존재하고, 부위에 따라 4개당의 1개의 비율로도 나타난다.

(4) 멜라닌의 생성 촉진 인자

① 정신적 인자 - 스트레스성 심적 상태
② 색소세포 자극 호르몬(MSH)
③ 자외선
④ 외기의 자극

(5) 멜라닌 배설 경로

① <u>표피</u> : 표피세포의 대사에 따라 표면으로 향한 각질과 함께 피부로부터 떨어져 나간다(황갈색의 멜라닌은 상부로 이행하는 도중에 환원되어 백색 멜라닌으로 변한다).
② <u>진피</u> : 진피 내에 가지고 있는 혈관과 림프관을 통해서 체외로 배설된다(배뇨 → 혈액/림프 → 담색세포 → 멜라닌 → 표피세포 → 각질층 → 탈락).

(6) 색소 이상증

① 피부에 있는 멜라닌의 양이 자외선의 자극, 정신적 스트레스, 내분비장애 등으로 인해 증가 혹은 감소하여 색이 침착, 결손, 탈색현상 등을 일으킨다.

② 증가증으로 주근깨, 기미, 오타씨 모반, 반점(노인성), 벨로끄 피부염, 모반, 흑피증, 애디슨병 등을 들 수 있고, 감소증으로 백반, 백피증, 백색증 등을 들 수 있다.

(7) 색소 결핍 현상

선천적으로 피부 일부에 색소세포 기능이 없거나 질병에 의해 색소세포가 파괴, 손상되었을 경우 발생한다. 자가면역질환자, 신경손상, 극심한 스트레스 후 발병되기도 한다.

① 백반증

경계가 확실한 하얀점으로 손등, 얼굴, 팔 등에 나타나는 현상이다.

㉠ 심상성 백반 : 자율신경계나 자가면역의 이상으로 자각증상 없이 전신에 불규칙적으로 발생

㉡ 노인성 백반 : 40세 이후의 노화피부에 나타나며, 전신이 불규칙적으로 탈색

㉢ 화학성 백반 : 산화방지제 등의 화학적 성분이 멜라닌 합성을 방해하여 나타나는 현상

② 백색증(알비니즘)

유전질환의 한 종류로 소량의 색소를 가지거나 색소가 전혀 없다.

㉠ 전신성 백색증 : 피부, 모발, 눈 등의 색소 결손, '안피부백색증'이라고도 한다.

㉡ 안성 백색증 : 눈의 색소 결핍 현상으로 눈부심, 시력장애 증상을 보인다. 피부와 모발에는 이상 없다.

㉢ 부분성 백색증 : 안증상은 없고, 모발과 피부에 부분적 색소 결손을 보인다.

㉣ 백반 백피증 : 피부와 모발이 선척적으로 백색이다.

(8) 과색소 관리법

피부 손상의 최대의 적은 자외선이다.

① 올바른 광선 노출

㉠ 야외 활동, 장시간의 컴퓨터 사용, 강한 조명 등에 노출될 경우에는 자외선 차단제 및 차단 안경, 모자 등을 사용한다.

㉡ 오전 10시~오후 2시 사이에는 외출을 삼간다.

㉢ 해수욕장, 스키장 등에선 더욱 철저하게 차단해야 한다.

㉣ 자외선지수를 체크한다.

② 자외선 차단제

㉠ 유해한 자외선으로부터 피부의 직접적인 접촉을 피하도록 차단 성분을 함유한 크림을 말한다.

㉡ 개개인의 피부 민감도, 광선에 대한 피부 노출시간, 계절 등에 따라 달리 선택한다.

㉢ SPF(Sun Protection Factor)는 자외선 B를 차단하는 효과를 지수로 나타낸 것(SPF1 = 대략 10~15분)이다.

㉣ MED(Minimal Erythemal Dose) = 자외선이 피부에 최초의 홍반을 타나내는 최소한의 자외선 양이다(최소 홍반량).

㉤ PA(Protection grade of UVA)는 자외선 A를 차단하는 효과를 지수로 나타낸 것이다(자외선 차단등급).
(PA+ = 2~4 미만, PA++ = 4~8시간, PA+++ = 8시간 차단)

㉥ UVA, UVB 둘 다 차단되는 제품이 좋다.

㉦ 1년 365일 꾸준히 사용해야 한다.

㉧ 외출 30분 전 기초화장품의 마지막 단계에서 적당량을 바른다.

㉨ 광선의 강도, 지속 시간에 따른 광선의 양, 광선의 파장, 개개인의 피부 민감도에 따라 사용법을 달리해야 한다.

(9) 피부의 미백

① 멜라닌세포를 자극하는 호르몬(황체호르몬, 부신피질호르몬)의 분비를 억제한다.

② 미백 효과 성분들을 사용하여 티로시나아제의 작용을 억제(알부틴, 코직산, 감초 추출물, 상백피 추출물, 밤 껍질 추출물, 레몬 추출물, 수세미 추출물, 닥나무 추출물, 플라센타(태반 추출물)한다.

③ 비타민 C를 이용하여 도파의 산화를 억제한다.

④ 각질제거제를 이용하여 색소 침착된 표피의 각질세포를 탈락(AHA, BAH, 약초 필링, 크리스탈 필링 등의 각질제거제)시킨다.

⑤ 적절한 농도의 하이드로퀴논을 사용하여 멜라닌세포를 감소, 사멸시킨다.

⑥ <u>일광</u>

1900년대까지 일광 요법은 구루병, 빈혈, 피부병 등의 치료에 이용되었다.

㉠ <u>햇빛의 피부 반응도</u>

- ▹ 연령별에 따른 감수성이 다르다.
- ▹ 몸의 부위별에 따른 감수성이 다르다.

㉡ <u>햇빛의 과다 노출에 의한 반응</u>

- ▹ 진피의 콜라겐 섬유 생성 저하로 탄력 저하와 주름이 생긴다.
- ▹ 더욱 강하면 표피에 영양분을 공급하지 못하여 피부가 얇고 건조해진다.
- ▹ 세로의 단백질에 분해되어 생긴 물질이 붉은 반점과 부종을 일으킨다.
- ▹ 피부화상은 2도까지 일어날 수 있다.
- ▹ 피부세포 내 DNA의 돌연변이가 일어나 암세포가 생성된다.
- ▹ 백혈구 기능을 변화시켜 신체의 면역체계를 파괴함으로써 암의 진전에 대한 저항이 떨어진다.

<u>(10) 오존층</u>

① <u>UVC의 경우 원래</u>는 대기권의 오존층에서 완전히 흡수되어 지표에 도달하지 않았으나 오늘날에는 <u>오존층의 파괴로 인해</u> 심각한 환경 문제로 대두되고 있다.

② 오존 전량이 최저 수준에 이르는 여름철에는 지상의 자외선 양이 최고에 다다르기 때문에 여름철에는 가능한 한 태양광선에 의한 직접적인 노출을 피하는 것이 바람직하다.

Chapter

07

피부 유형별 특성

1. 정상피부
2. 건성피부
3. 지성피부
4. 복합성 피부
5. 민감성 피부
6. 모세혈관 확장 피부
7. 여드름 피부
8. 노화피부
9. 색소침착 피부

CHAPTER 07

피부 유형별 특성

1 정상피부(중성, normal skin)

1) 특징

(1) 기름샘과 땀샘의 활동이 정상적인 가장 이상적인 피부의 상태로 혈액순환이 원활하여 분홍빛 안색을 갖고 있다.

(2) 피부질환이 없고 유·수분의 양이 적당하다.

(3) 세균에 대한 저항력이 크고, 화장을 잘 받아 지속성이 있으며, 주름이 거의 보이지 않고, 각질이 들뜨지 않고, 세안 후 당김 현상이 없다.
모공이 섬세하여 피부 표면이 매끄럽고 부드러우며, 탄력감이 뛰어나며, 색소 및 여드름이 없는 깨끗한 피부를 말한다.

(4) 관리 목적은 오랫동안 정상을 유지시켜 주는 것이다.

(5) 계절 및 외부 환경이나 건강 상태에 따라 유·수분 균형과 자외선으로부터 보호, 철저한 클렌징, 피부세포 영양 공급을 중점적으로 하여야 하며, 지나친 피부관리는 피하도록 한다.

① 피부가 맑고 표면이 매끄럽고 부드럽다.
② 피지분비 및 수분공급 기능이 적절한 피부 상태이다.
③ 피부 이상인 색소, 여드름, 잡티 현상이 없다.
④ 피부결이 섬세하고 모공이 미세하다.
⑤ 탄력성이 좋고, 피부조직이 정상적인 상태에서 단단하며 주름이 없다.

2) 관리

(1) 정기적인 관리를 한다.

① 정기적인 각질 제거를 한다.

② 피부의 유분과 수분의 균형이 유지되게 관리한다. 나이에 적합한 화장품 사용과 계절에 따른 관리가 용이하다.

③ 혈액순환과 신진대사를 돕는 마사지와 팩을 일주일에 1~2회 정도 실시한다.

④ 비타민 A, E 천연보습인자가 함유된 제품 사용으로 노화방지에 힘쓴다. 정상피부에 사용되는 성분은 조조바 오일, 밍크 오일, 재스민 추출물, 달맞이꽃 오일 등이 있다.

(2) 지나친 세안과 잦은 사우나를 피한다.

(3) 피로와 스트레스를 피한다.

(4) 균형있는 식사와 운동, 적당한 수면이 필요하다.

2 건성피부

1) 특징

(1) 각질층의 수분과 피부 유연성이 부족하다.

(2) 화장이 들뜨고 피부가 얇아 실핏줄이 생기기 쉽다.

(3) 주름 발생이 쉬우므로 노화현상이 빨리 온다.

(4) 모공이 작고 윤기가 없다.

(5) 피지 보호막이 얇아 피부가 손상되면 색소가 침착되어 주근깨, 기미가 생긴다.

2) 관리

(1) 잦은 세안과 강한 알칼리성 세안제는 사용하지 않는다.

(2) 온도가 높은 세안물은 사용하지 않는다.

(3) 피부의 활성화를 위한 마사지를 해준다.

(4) 잦은 필링제 사용은 자제한다.

(5) 보습 효과가 뛰어난 제품을 선별·사용한다.

(6) 피부의 pH 유지 → 피부의 활성화 → 피부의 수분 및 유분 공급 → 보호의 관점에서 관리한다.

(7) 알코올이 함유된 화장수의 사용은 피한다.

(8) 고열 사우나는 피한다.

(9) 지용성 비타민을 섭취한다.

(10) 휴식과 충분한 수면을 취한다.

(11) 건성피부에 사용되는 성분 : 콜라겐, 인삼 추출물, 글리코릭 에시드, 히아루론산, 리포좀, 레시틴

① 화장수는 알코올 성분이 적은 것을 사용한다.
② 아이크림은 아침과 저녁에 발라 건조로 인한 잔주름에 주의한다.
③ 수분부족 현상을 막기 위해 생수를 많이 마신다.
④ 잦은 세안과 세정력이 강한 제품은 피하며 미온수로 세안한다.
⑤ 일주일에 2~3회 정도 팩을 하여 충분한 수분과 유분 공급에 힘쓴다.
⑥ 비타민 C가 많은 야채나 과일 섭취로 기미와 주근깨 방지에 힘쓴다.

3) 종류

일반 건성피부는 피지선의 기능과 한선 및 보습 능력의 저하로 인하여 유 · 수분 함량이 부족한 상태이다.

표피 건성피부는 외부 환경의 영향 또는 잘못된 피부관리와 화장품 사용이 주된 원인이며, 잔주름이 생기기 쉬운 상태이다.

진피 건성피부는 과도한 자외선과 공해에 의한 진피손상, 다이어트로 인한 영양결핍 등으로 발생하는 피부 자체의 수분 공급이 문제이며, 굵은 주름살이 생기기 쉬운 상태이다.

건성피부는 중성피부에 비해 땀과 피지분비 부족으로 건조하여 당기고 거친 느낌을 나타내는 피부이다. 잔주름 및 탄력성 저하로 노화가 조기 진행될 우려가 있으며, 일반적으로 건성피부의 원인은 다음과 같다.

① 각질층 수분 함량이 10% 이하
② 유전적으로 피지선 기능 약화
③ 무리한 자외선 노출
④ 지나친 난방으로 인한 피부 수분 방출
⑤ 화장품 부작용
⑥ 잦은 사우나
⑦ 알코올성 화장수 장기 사용
⑧ 무리한 다이어트로 인한 신체 생리기능의 밸런스 상실
⑨ 강한 탈지성 세안제 사용
⑩ 비타민 A 부족
⑪ 부적절한 피부 타입의 화장품 사용 등을 들 수 있다. 이는 수분이 부족하여 또는 유분이 부족하여 또는 유·수분 모두 부족하여 나타나는 현상으로 나누게 된다.

(1) 수분결핍의 건성피부

① 자외선과 냉열 바람 같은 외부 환경에 의해 피부 수분의 상실로 나타난다.
② 기름샘과 땀샘의 역할은 정상이나 산성 보호막 상실로 피부세포가 지닌 수분의 부족 현상이 피부를 당기거나 표면에 미세한 각질이 일어나 건조해진 상태이다.
③ 피부트러블이 가장 많이 발생하는 타입으로 알려지나 소양증 출현이 높으며, 수분 부족으로 각질탈락 현상과 잔주름이 육안으로 확인 가능하다.
④ 진피층의 건조화는 색소침착이 쉽고, 피부 당김 현상이 심하여 표면이 거칠어지는 조기노화 현상이 빠르게 진행될 수 있는 피부이다.
⑤ 여성 호르몬인 에스트로겐 결핍과 무리한 다이어트로 인한 피부영양 결핍을 원인으로 들 수 있다. 수분 공급을 주목적으로 관리하도록 한다.

(2) 유분결핍의 건성피부

① 기름샘의 기능 저하로 인하여 피부에 피지분비가 감소되므로 얼굴에 윤기가 없어 유연성이 부족한 피부이다.

㉠ 거칠고 저항력이 약화
㉡ 매우 섬세한 피부조직으로 민감
㉢ 화장품 흡수가 어려움
㉣ 세안 후 당기는 느낌이 매우 강함
㉤ 과도한 각질화로 노화가 신속히 진행
㉥ 소양감이 동반되는 경우도 있다.

② 모공이 작아 육안으로 확인하기가 어렵다.
③ 분비 기능이 상실된 기름샘을 자극하여 피지분비를 증가시켜 주는 목적으로 관리한다.

(3) 유·수분 결핍의 건성피부

① 유·수분 모두가 결핍되어 위의 2가지 현상이 복합적으로 나타나는 피부이다.
② 외관상의 특징으로는 피부 당김과 늘어짐, 피부결은 섬세하나 윤기가 없고, 예민하여 외부자극에 민감한 성질이 있다.
③ 원인으로는 지성 여드름관리 시 피지분비 억제 목적으로 과다관리 결과이거나, 지나친 냉난방으로 피부 균형이 깨져 나타나는 경우이다.
④ 기름샘 분비능력 향상과 수분공급을 동시에 목적으로 하는 관리가 이루어져야 한다.

3 지성피부

1) 특징

주로 사춘기 남성에게서 많이 나타난다. 화장이 잘 받지 않으며 쉽게 지워지는 특징이 있다. 피지 분비가 많아 여드름과 뾰루지가 잘 생기며, 피부가 거칠고 모공이 넓은 특징이 있다.

다양한 원인에 의하여 기름샘과 땀샘 기능의 활성화로 피지가 모공을 막거나 염증을 일으켜 여드름을 유발하는 유형이다. 피부 표면 상태와 2차 증상으로 발전되는 상태에 따라 구분하고 있다.

2) 관리

(1) 피부세안과 청결이 중요하다.
(2) 세안 시 차가운 물보다 따뜻한 물이 효과적이다.
(3) 세안이나 팩을 한 후에 마무리를 할 때는 수렴화장수를 사용한다.
(4) 여드름은 노폐물이나 각질이 피부 표면을 막아서 생기므로 각질을 잘 제거한다(규칙적인 각질제거가 필요).
(5) 알코올이 함유된 여드름 전용스킨을 사용하고, 일주일에 2~3회는 피지제거용팩이나 지성피부전용팩을 통하여 모공 속 피지와 노폐물을 제거한다(과잉의 영양공급을 위한 팩은 피한다).
(6) 비타민 B군을 섭취한다.
(7) 알코올 섭취를 피하고 자외선으로부터 피부를 보호한다.
(8) 지성피부에 사용되는 성분들 : 아줄렌과 하마멜린, 판테놀, 카오린, 민트, 알란토인, 위치 하젤, 라벤더 오일, 일랑일랑 오일, 제라늄 오일, 유향 등.

3) 종류

(1) 일반적 지성피부

① 사춘기에 이르면 기름샘이 학대되어 기능 활성화로 과다한 피지가 표면을 덮고 있어 피부조직이 두껍고, 표면이 번들거리며, 모공은 점차 넓어지고 모공 속 각질화가 자주 일어나며, 각질층은 두터워 보인다.
② 과다한 피지 제거와 피지분비 조절을 목적으로 관리한다.

(2) 지루성 지성피부

① 표면에 유분량이 많고, 지방막이 두꺼워 각질층 수분 결핍으로 피부 당김이 심하

고, 민감하다.

② 남성에게서 많이 나타나며 건성지루와 유성지루로 구분할 수 있다.

(3) 건성 지루피부

① 기름샘의 역할은 증가하고 땀샘의 역할은 감소되는 수분 부족 피부로 각질화가 발생한다.

② 외부 충격에 아주 민감한 피부이다.

③ 면포, 농포, 불순물 등이 피부에 많이 쌓여 각질층이 두꺼워지며, 잔주름 현상까지 나타난다.

④ 혈액순환 장애, 뇌하수체 호르몬 불균형, 갑상선 기능 저하, 비타민 부족으로 과다 피지 분비가 일어난다.

⑤ 산성보호막 균형이 파괴되고 면포와 구진 및 농포를 동반하기도 한다.

⑥ 보습과 피부 정화를 동시에 목적으로 관리한다.

(4) 유성(지성) 지루피부

① 피부 표면의 피지량이 많고 지방막이 두껍게 되어 있는 피부로 특히 T-zone에는 노란색의 피지가 많이 분비된다.

② 머리에는 비듬이 많아지며 귀에는 귀지가 많이 생긴다.

③ 피부의 알칼리화로 면역력이 약화되기 쉬운 피부이다. 알칼리비누 사용 금지와 철저한 세안을 통하여 원활한 피부호흡을 위한 피부 정화에 중점을 두고 관리한다.

4 복합성 피부

피지분비의 불균형으로 건성 · 지성과 같은 2가지 이상의 피부 상태가 안면에 함께 존재하는데, 예민한 부위와 함께 존재한다. 주로 이마와 코, 턱 부위 등은 피지분비가 왕성하여 지성을 나타내며, 볼 부위는 수분 결핍으로 당김 현상이 나타나는 건성 및 예민성의 특징을 갖고 있다. 눈가와 입가가 건조하여 주름 형성이 높고, 모세혈관 확장 현상이 발생할 가능성이 높고, 코에 면포가 많은 유형으로 주로 30~40대에서 많이 나타나며, 적합한 화장품 선택이 매우 중요한 피부이다.

후천적 원인인 환경적 요인과 호르몬의 불균형으로 중·건성 피부가 복합성으로 변화되는 경우도 있다. 잘못된 세안과 화장품 사용이 원인이 되기도 하며, 특히 계절 변화(기온 변화)에 따른 노출된 피부나 수면 부족과 스트레스, 과로, 신경과민 등의 불안한 정서와 유전적 영향이 원인으로 나타난다.

기기를 이용한 정확한 부위별 피부 분석이 가장 중요하며, 관리는 부위별 상태에 따라 섬세하게 구분된 피부관리를 행하여야 한다.

1) 특징

(1) 피부결이 곱지 못하며 피부조직이 전체적으로 일정하지 않다.

(2) T-존 부위는 피지분비가 많아 여드름이나 뾰루지가 생기기 쉽고 모공이 크다.

(3) T-존을 제외한 부위는 세안 후 당김 현상이 있고 눈가에 잔주름이 쉽게 생긴다.

2) 관리

(1) 얼굴 부위의 상태에 따라 관리한다(볼은 건성피부, 이마는 지성피부).

(2) T-존 부위는 피지조절 케어를 병행한다.

(3) 볼은 클렌징 로션, T-존은 클렌징폼으로 한 번 더 세안하여 남아있는 피지와 먼지를 제거한다.

① 복합성 피부 형태도 다양하므로 피부 타입에 맞는 제품 선택이 중요하다.
② 피부 부위별 관리제품과 기초제품을 다르게 사용한다.
③ 적당한 유·수분의 공급이 중요하다.
④ 팩 사용 시 피부 부위별 특성에 따라 달리 사용한다.
⑤ 기본관리에서 T존과 U존 관리를 달리해야 한다.

5 민감성 피부

1) 특징

(1) 여드름 발진, 알레르기 등 피부 트러블이 쉽게 일어난다.

(2) 화장품을 바꾸어 사용하면 처음에는 예민한 반응이 일어난다.

(3) 냉, 열, 햇빛, 오염물질, 기후조건에 의해 얼굴이 쉽게 달아오르고 가려움을 느낀다.

2) 관리

(1) 외부의 환경으로부터 피부를 보호한다.

(2) 알코올 성분이 함유된 제품의 사용은 금한다.

(3) 스트레스를 피한다.

(4) 세안 시 미온수 이용과 강한 세제 사용은 금한다.

(5) 피부에 진정 효과를 줄 수 있는 제품을 사용하고 자극적인 마사지를 피한다.

(6) 관리 시 해면과 온습포 사용 시 자극적이지 않아야 한다.

(7) 필링제 사용은 정확하게 필요시에만 행한다.

(8) 피지 제거와 노폐물 흡착에 필요한 제품 사용은 가급적 피한다.

(9) 자외선 차단제는 차단지수가 낮은 것을 사용한다.

(10) 민감성 피부에 사용되는 성분 : 알란토인, 알로에, 아줄렌, 카밀레 추출물 등

(11) 예민 피부(sensitive skin)

피부조직 내의 면역과 조절 기능 등의 약화로 외부 자극 요소(온도, 습도, 햇빛, 바람, 화장품, 열, 향 등)에 민감한 반응을 나타내며, 국소적으로 붉거나 염증 및 소양감이 있다.

외관상 피부결은 섬세하고 깨끗해 보이나 건조하기 쉽고 자극에 민감하고, 외부 환경에 의해 피부가 쉽게 피곤해진다.

호르몬의 불균형이나 화장품에 의한 접촉성 피부염이 쉽게 생기며, 스트레스로

인한 면역력 저하로 이어진다. 민감도가 가장 큰 부분은 눈 주위 다음으로 입 주위, 목과 볼, 이마 순으로 민감 반응을 나타낸다.

① 일시적 민감 피부로 주요 원인은 다음과 같다.

㉠ 유전적 요인
㉡ 성격이 신경질적이고 예민한 경우
㉢ 알레르기가 있는 경우
㉣ 산전이나 산후의 여성
㉤ 생리 전후의 여성
㉥ 대수술을 받은 경험이 있는 경우
㉦ 자궁적출 수술 경력이 있는 경우
㉧ 갱년기 증상이 있는 경우
㉨ 장기적으로 약품을 복용하는 경우(항생제, 수면제, 진통제 혹은 만성질환약)
㉩ 자외선을 많이 받는 직업을 가진 경우
㉪ 자극적인 음식을 좋아하거나 많이 먹는 경우(짜고, 맵고, 뜨거운 등)
㉫ 수면 부족과 정신적 스트레스를 많이 받는 경우
㉬ 열악한 환경의 직업여성.

② 특징

㉠ 피부가 얇고 섬세
㉡ 외부 자극(자외선, 화장품, 오염물질)에 민감
㉢ 발열, 소양, 홍반 현상을 동반
㉣ 모세혈관 확장 피부로 발전 가능성
㉤ 과각질화와 피부 당김 현상
㉥ 색소침착이 형성되는 특징

③ 원인

㉠ 선천적으로 피부조직이 얇고 각화주기가 빨라 각질층이 얇아짐
㉡ 자외선에 대하여 알레르기 현상을 나타내는 체질
㉢ 후천적으로 과로, 스트레스

㉣ 박테리아 감염
㉤ 화학적 물질 접촉
㉥ 자외선
㉦ 당뇨 · 갑상선기능 장애
㉧ 온도에 의한 환경적 영향
㉨ 비타민 및 미네랄 등의 영양 부족
㉩ 노인보다는 어린 연령에서 많이 나타남

④ 관리
㉠ 면역성 강화로 피부 안정과 진정
㉡ 염증방지세포 재생
㉢ 각질 두께 정상화와 피부보호 목적

6 모세혈관 확장 피부(couperous skin)

온도의 급격한 상승이나 하강, 추위, 더위, 바람 등의 변화와 알코올이나 자극성 있는 음식을 지속적으로 섭취하거나, 자외선에 의하여 표피 가까이에 있는 모세혈관이 약화되거나 파열, 확장 외관까지 붉은 실핏줄이 광대뼈 주변 및 코 주변에 나타나는 피부 유형이다.

1) 특징

(1) 피부결이 섬세하고 표피층이 얇으며, 혈관(실핏줄)이 보인다.
(2) 알코올이나 자극성 있는 음식의 계속적인 섭취, 자외선이나 그 외의 피부에 해가 되는 요소들로 인하여 표피 가까이에 있는 모세혈관이 약화되거나 파열·확장된다.
(3) 붉은 실핏줄이 나타나는 피부이다.
(4) 피부의 탄력성이 줄고 피부의 긴장감이 완화되어 근육이 늘어지며 각질층이 얇아진다.

2) 증상

(1) 환절기에 두드러지게 나타나며 얼굴이 화끈거리고 열이 오르므로 체온이 가장 낮은 볼 부위에 잘 생긴다.

(2) 외부 자극에 민감하여 홍반과 소양감을 동반한다.

(3) 색소 침착이 쉬운 피부이다.

3) 원인

(1) 유전적으로 모세혈관이 약하거나, 지성이나 여드름 피부 상태가 오래 지속되었을 때

(2) 내분비계 활성 저하(성, 갑상선호르몬)된다.

(3) 온도의 급격한 변화 등과 외부 환경적 요인이다.

(4) 지나친 마사지나 필링

(5) 연고 남용

(6) 위장 장애

(7) 만성 변비

(8) 자극적인 기호식품 등 피부의 충혈을 일으키는 요소가 원인

(9) 피로의 누적과 신경성 스트레스, 갈등 등의 문제

4) 관리

(1) 내 · 외적인 자극을 감소시켜 피부의 안정을 기한다.

(2) 림프 마사지를 통하여 울혈을 풀어준다.

(3) 혈액순환을 촉진시켜 순환을 정상화한다.

7 여드름 피부(acne skin)

1) 특징

(1) 피부 건조화로 잔주름이 발생한다.

(2) 탄력성이 저하되어 모공이 넓어진다.

(3) 노폐물 축적으로 표피가 두꺼워진다.

(4) 자외선 방어능력 저하로 색소 침착이 생긴다.

(5) 피부가 조금 두껍고 거친 편이며 칙칙하다.

(6) 피지분비가 많아 번들거리며 지저분해지기 쉽다.

2) 관리

(1) 유분과 수분이 충분이 함유되어 있는 화장품(지루성 피부 전용 세정제)을 사용한다.

(2) 썬크림, 썬로션 등의 자외선 차단제와 자외선을 막아주는 메이크업 화장품을 사용한다.

(3) 자외선, 건조, 찬바람 등 피부를 노화시키는 자극에 대처하여 피부를 보호한다.

(4) 살리실산, 비타민 A, AHA 등의 성분을 함유한 화장품을 이용한다.

(5) 알칼리성인 일반 비누의 사용은 여드름균의 번식을 초래하여 여드름을 악화시킬 수 있다.

① 철저한 세정이 필요
② 항균과 살균을 위한 알코올이 함유된 제품 사용
③ 딥클렌징과 각질제거는 필요에 따라 횟수 증감
④ 피지 분비를 조절하는 제품을 선택하여 사용
⑤ 강한 알칼리성 세제는 피함
⑥ 뜨거운 열과 자극적인 마찰은 피함
⑦ 진정과 보습이 중요

⑧ 증상에 따라 관리 영역과 의료 영역을 정확하게 인지
⑨ 유분이 많은 제품과 영양분이 많은 영양크림의 사용은 피함.
⑩ 관리 시 위생과 소독을 철저하게 함
⑪ 마사지 시 자극적인 마사지 방법보다 진정을 위한 림프 마사지가 효과적
⑫ 여드름관리에 적합한 성분 : 하마멜리스, 탄닌, 아하, 살리실산, 캄퍼, 아줄렌, 판테놀, 알로에 베라, 캐롯 오일, 시더우드 오일, 갈릭 오일, 감초 추출물, 쥬니퍼 베리 오일, 파파야

3) 여드름 생성과정

여드름(acne vulgaris)은 일종의 지성피부병이다. 피지선에서 분비된 과잉 피지가 모공 속에 축적되어 각질이 증가하고, 모공을 막아 모공 속의 불순물과 서로 섞여 여드름으로 발전한다. 피부에 염증이 생기면서 피부 구조가 파괴되는 염증성 질환이다.

(1) 발생원인 및 생성과정

여드름 발생 원인은 유전적 원인, 과도한 피지분비와 피지분비를 촉진한다. 테스토스테론(testosterone) · 안드로겐(androgen) 같은 남성호르몬이 증가하고, 모공 속의 피지가 과다 분비되며, 과각질화 현상이 나타나며, 모공 입구가 각혀 과다 축적된 피지는 P. acne 박테리아를 증식해 다량의 유리지방산을 생성한다.

① 유전적 원인이 80%
② 빠른 각화 과정으로 인한 과각질화 현상
③ 내분비계의 이상에 의한 호르몬의 과다 생산
④ 육체적, 정신적으로 오는 스트레스
⑤ Vitamin의 부족 현상
⑥ 강한 자외선과 더운 기후
⑦ 생리불순 및 폐경기
⑧ 운동 부족(변비와 소화기능 이상)

(2) 사춘기 남녀 여드름

사춘기에는 피지선의 작용이 활발하여 모혈구가 크게 확장되고, 피지의 분비가 왕성하다. 이러한 경우 피부는 지성으로 변하며, 모공에 피지가 전위되어 여드름(COMEDO)이 생긴다.

(3) 여드름 발전 순서

① 1등급(grade 1)

㉠ 면포성 여드름(white head, black head), 사춘기, 청소년기 출현

㉡ 이마, 볼, 안면에 발생

② 2등급(grade 2)

㉠ 염증성 여드름, 넓게 퍼지는 상태

㉡ 세균 감염으로 화농되기 쉬운 상태

㉢ 여드름 압출이 중요

③ 3등급(grade 3)

㉠ 구진, 농포가 형성되어 심한 증세가 나타남(흉터)

㉡ 병원 및 피부미용실 병행관리 필수

④ 4등급(grade 4)

㉠ 낭종, 결절로 발전된 상태

㉡ 가장 심한 증상, 전문의 치유 요함

(4) 여드름 발생 부위별 원인 분석

① 이마 : 모발에 의한 자극, 호르몬의 불균형

② 볼 : 불규칙적인 식사습관, 위와 간 기능 이상증세, 만성변비현상

③ 입 주위 : 생리 전후, 위장장애, 냉증, 리보플라빈과 피리독신의 부족

④ 턱 : 생리 전후의 빈혈 및 냉증, Ca · Vitamin A 부족, 장기능의 약화

⑤ 목 : 호르몬의 불균형, 자외선의 자극, 특정 향에 대한 민감 반응(향수)

⑥ 가슴 및 등 : 호르몬의 불균형

(5) 여드름을 유발할 수 있는 식품

① 지방성이 풍부한 음식, 당분이 풍부한 음식

② 매운 조미료를 이용한 음식.

예 초콜릿, 사탕, 설탕, 레몬, 과자, 케이크, 우유, 계란, 차, 양파, 커피, 잉어, 돼지고기, 오리고기, 거위고기, 양고기, 햄류, 버터 등

(6) 관리

① 기초화장품의 양은 될수록 조금만 사용한다.

② 마사지는 금한다.

③ 산성화장수를 사용한다.

④ 불필요한 각질제거와 진정과 살균용 팩으로 피지를 조절한다.

⑤ 유분기 적은 색조화장품을 선택한다.

⑥ 비타민 A와 B가 함유된 식품섭취를 권장한다.

⑦ 심한 증세일 경우에는 전문의의 진찰을 받도록 함한다.

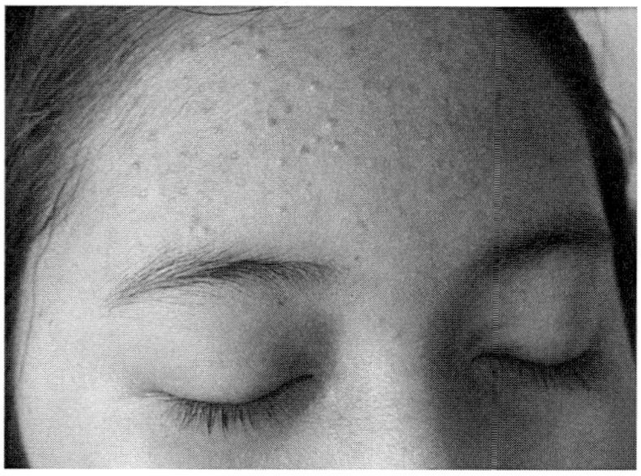

그림 7-1

8 노화피부(aging skin)

1) 특징

(1) 피부 건조화로 잔주름이 발생한다,

(2) 탄력성이 저하되어 모공이 넓어진다.

(3) 노폐물 축적으로 표피가 두꺼워진다.

(4) 자외선 방어능력 저하로 색소침착이 생긴다.

(5) 표피와 진피의 구조 변화로 피부가 얇아진다.

2) 관리

(1) 노화피부에 합당한 제품을 사용한다.

(2) 피부의 탄력을 위한 마사지가 필요하다.

(3) 수분 공급과 영양공급이 필요하다.

(4) 팩제 사용 시 온열 요법이 효과적이다.

(5) 계절에 따른 관리 방법이 중요하다.

(6) 외부 환경에 따른 관리 방법이 필요하다.

(7) 침투 능력이 저하되므로 고기능성 제품이 필요하다.

(8) 규칙적인 마사지와 재생관리가 중요하다.

(9) 가벼운 각질제거제를 이용하여 각질 정리를 해준다.

(10) 노화피부에 사용되는 성분 : 달맞이꽃 오일, 네롤리 오일, 귀리, 레티놀, A.H.A, 토코페롤, 인삼 추출물 등이 있다.

(11) 노화의 과정은 우리 신체의 눈, 뇌, 심장 등 구성기관 모두가 시간이 흐르면서 자연스러운 신체의 퇴행성 변화로 피부도 예외일 수는 없다.

(12) 피부노화는 표피와 진피에서 오는 것으로 피하지방 감소와 진피의 탄력이 감소되어 주름으로 나타나며, 목, 얼굴, 손, 몸에서 먼저 나타난다.

3) 내적 노화

(1) 자연적 노화로 진피 영역의 변화에 의해 피부가 얇아진다.

(2) 세포증식 · 손상 회복력 · 면역기능 · 섬유 합성능력 등의 감소 현상이 생긴다.

(3) 노화로 점점 건조해져 주름이 증가한다.

(4) 탄력 감소로 표피 면적이 증가한다.

(5) 피부 늘어짐 현상표피층의 기저와 유극층이 얇아지고, 반대로 각질층이 두꺼워지는 특징이 있다.

(6) 불균일한 색소침착이 생긴다.

4) 외적 노화

(1) 자외선의 만성적 노출로 표피가 두꺼워진다.

(2) 탄력섬유의 이상적 증식으로 표면이 거칠고 깊은 주름이 형성된다.

(3) 진피층 모세혈관이 확장되어 쉽게 멍이 잘 생기는 특징이 있다.

5) 조기 피부노화의 원인

(1) 잘못된 피부관리와 공기의 오염

(2) 심한 일광과 바람의 영향

(3) 내부기관의 질환과 건강상의 문제

(4) 심한 스트레스와 심리적 불안

(5) 누적된 불만

(6) 편중된 식사로 영양의 부조화

(7) 술, 담배 애용

(8) 화장품의 오용과 남용

6) 조기 피부노화 관리

(1) 유 · 수분 공급과 비타민 공급이 목적이다.

(2) 심신의 스트레스 해소 목적에 중점을 두고 관리한다.

9 색소침착 피부(pigmentation skin)

1) 특징

멜라닌(melanin) 색소 기능은 자외선을 흡수하거나 차단하여 피부를 보호한다. 증가된 멜라닌이 분해되지 못하고 피부조직 내에 침착되어 피부색을 진하게 하는 색소 이상증을 보인다.

주근깨(freckles), 기미(melasma, chloasma), 오타모반 등과 같은 과색소침착(hyperpigmentation)과 반대인 백반증(vitiligo), 백색증(albinism)과 같이 멜라닌 결핍으로 주변 피부색보다 옅은 저색소침착(hypopigmentation)으로 나타난다.

(1) 침착과정

① 인종이나 개인에 따라 피부색이 다른 것은 멜라닌의 양과 종류, 분포 위치의 차이 때문이다.

② 표면 가까이 멜라닌이 위치할수록 또는 양이 많을수록 갈색이나 흑갈색을 띤다.

③ 진피층에 위치하면 청색을 띠게 된다.

④ 침착과정은 멜라닌 전구물질인 티로신(tyrosin)이 산소와 티로시나제(tyrosinase)라는 효소물질의 촉매 작용으로 도파(DOPA)라는 물질로 전환되어 자동산화과정을 거쳐 도파퀴논으로 바뀌어 색소를 만들어낸다.

(2) 침착원인

① 외적 요인으로는 자외선 과다 노출

② 피부염증 예후

③ 잘못된 세안

④ 과도한 박피

⑤ 화장품 성분으로 인한 광노출에 의해 색소가 침착

⑥ 내적 요인으로는 피임약, 임신, 난소기능 저하, 갑상선 기능 항진, 스트레스 등과 인체 내 발생하는 질병에 의해서도 침착된다.

(3) 색소침착에 영향을 주는 요인

① 임신과 피임약

임신과 피임약은 피부의 색소 변화에 일시적인 영향을 줄 수 있는데, 경구 피임약 속에 호르몬의 영향으로 멜라닌 색소를 만드는 멜라닌세포를 자극하여 색소침착 현상이 발생하는 것이다.

임신을 하면 여성호르몬인 에스트로겐의 증가로 가슴의 유두 부분과 복부 중심선의 색깔이 진해지며, 임신 4~5개월부터 얼굴의 눈 밑에도 거무스름하게 색소가 진해지는 것을 볼 수 있다.

피임약 복용의 경우에는 주로 얼굴에서 과색소 현상이 나타난다. 남성에게서도 색소의 변화가 일어나는 시기가 있는데, 사춘기 때 남학생들의 피부색이 좀 더 검어지는 것을 볼 수 있다. 물론 여성호르몬이 색소 증가를 가져오기는 한다.

남성호르몬(androgens)이 색소 증가 작용에 있어서는 그 자체가 더욱 강력하다고 하기 때문에, 사춘기 때 이러한 색소 변화가 일찍 나타나고, 여성의 경우에는 임신하여 호르몬의 변화를 겪을 때 색소 증가 현상이 발현되며 출산과 함께 호전된다.

② 햇빛

멜라닌세포는 여름이나 햇빛이 강한 봄에 햇빛에 지나치게 노출된 부위에 진해지며, 멜라닌세포가 강한 빛에 노출 시 세포의 수가 증가하게 되고, 이에 멜라닌소체들이 증가하여 과색소침착 현상을 유발한다. 강한 햇빛에 다량 노출 시 염증이 생기게 되고 염증이 치유되면서 색소가 침착되기도 한다.

(4) 색소 이상 증세

① 주근깨(freckies)

지름 1~3mm 정도 되는 크기의 갈색 반점으로 색소가 몰려 있고, 경계선이 뚜렷하다. 어린 시절에 가장 많이 나타났다가 사춘기 전후에 가장 심해지며, 어른이 되면서 많이 감소한다.

유전적인 요인에 의해 발현되나 햇빛에 의해 영향을 받아서 강한 자외선에 노출되는 경우 더욱 진해진다. 그러므로 자외선에 영향을 받는 여름에는 좀 더 진해졌다가 겨울이 되면 약간 연해진다.

주근깨는 햇빛이 노출되는 부위인 얼굴, 손등, 팔에 작은 갈색의 반점이 불규칙적으로 나타나며, 얼굴에서도 특히 코, 뺨, 눈 밑에 나타난다.

자외선 UVA 영역의 영향을 받아 진해지는 것으로 알려져 있는데, UVA 영역의 자외선은 창유리를 뚫고 실내까지 들어오기 때문에 실내에서만 있는 경우에도 주근깨의 색이 진해질 수 있다.

② 기미(melasma)

기미는 후천적으로 피부에 멜라닌 색소가 과다하게 침착되는 현상으로, 다양한 크기의 갈색 색소침착반이 태양광선 노출 부위, 특히 얼굴에 발생하는 과색소침착 질환이다. 주로 햇빛 노출이 많은 뺨, 이마, 관자놀이, 눈이나 코 밑에 생기며, 30~40대 중년 여성에게 발생한다.

그리고 임신 중 또는 폐경기에도 흔히 발생하는데, 출산 후에는 보통 서서히 소실되나 그대로 지속되기도 한다.

또한 경구 피임약을 복용하는 경우에 나타나는 예도 있으며, 그 외 난소의 종양 등이 있을 때나 다른 내분비질환에서도 발생한다. 에스트로겐은 피부색소 형성세포인 멜라노사이트를 자극하고, 황체호르몬인 프로게스테론은 피부 색소를 주위 피부로 전해주는 역할을 하므로 기미를 형성한다.

③ 염증이나 자극 후 색소침착

피부에 염증 반응이 일어났을 때나 찰과상을 입었을 때처럼 피부 부위가 심하게 자극을 받았을 경우와 상처 부위가 가라앉고 난 다음에 보면 연한 갈색 혹은 흑갈색으로 색소가 침착되는 것을 볼 수 있는데, 이러한 현상을 염증 후 색소침착이라고 한다.

색소침착이 쉽게 올 수 있는 환자가 박피치료를 받은 경우 예상치 못하게 흑갈색의 색소침착을 얻는 경우들도 있다.

④ 노인성 흑자(senile lentigo)

60세 이상 노인들에게서 나타나는 과색소 현상으로 주로 얼굴과 손등에 많이 나타난다. 주근깨보다는 부위가 넓으며 기미보다는 색소밀집 현상이 뚜렷하다. 이러한 반점들은 자외선에 의한 피부손상이 오랫동안 진행되어 오면서 피부의 손상 및 노화과정 중에 발생되는 것으로 미리 햇빛 차단에 주의를 기울이는 것이 중요하다.

⑤ 화장품에 의한 과색소

일반 화장품에 의해 과색소 현상이 생기는데, 자신의 피부에 맞지 않는 화장품을 사용했을 경우 또는 화장품에 함유된 성분들 중에 향료라든지 다른 화학 성분들이 자외선과 반응하여 피부에 발생되는 것으로 알려져 있다.

⑥ 흑색종

얼굴이나 신체의 어떤 부분에서 멜라닌세포가 악성으로 변형되어 생긴 악성 피부암이다. 반점처럼 나타나는데 색깔이 검거나 혹은 검붉거나 검푸른색을 띠고 있다. 피부에 생긴 반점의 지름이 6mm 이상이고, 모양이 대칭을 이루지 않는 원형이나 타원형이다. 반점의 가장자리 경계선이 뚜렷하지 않거나 혹은 불규칙한 톱니 모양을 하고 있으며, 주변 피부색과는 달리 갈색의 음영을 띠거나, 검붉거나 검푸르거나 검회색을 띠고 있다.

2) 관리

(1) 자외선 차단제를 철저히 사용하고, 미백제품을 사계절 꾸준히 사용하는 것이 좋다.

(2) 자외선 영역의 광선들이 멜라닌 생성을 촉진하기 때문에 UVA와 UVB를 동시에 차단해 줄 수 있는 자외선 차단제를 사용해야 한다.

(3) 세포 재생 촉진을 위해서 주기적인 각질제거와 재생용 마스크를 사용한다.

Chapter

08

피부상담 및 피부관리 절차

1. 피부유형의 특징 및 관리
2. 피부관리 순서

CHAPTER 08

피부상담 및 피부관리 절차

1 피부 유형의 특징 및 관리

1) 피부분석 및 상담

(1) 정의

피부분석은 고객의 피부 상태와 피부 유형을 파악하기 위하여 실시한다. 관리 전에 피부 조직의 상태, 피부의 유·수분도, 피지분비 상태, 민감도, 색소침착, 모공 상태, 탄력성 등 다양한 피부의 상태를 과학적인 분석 방법을 통해 정확히 파악한다.

(2) 목적 및 효과

① 성공적이고 올바른 피부관리를 위한 기초 자료로 이용한다.

② 고객의 피부 타입에 맞는 적절한 케어와 제품을 선택하고 홈케어의 교육을 병행한다.

(3) 피부상담

① 관리를 받으러 온 방문 동기와 목적을 파악한다.

② 전문적인 지식을 갖추고 피부관리에 대해 조언한다.

③ 피부의 문제점과 원인을 명확히 파악하고, 앞으로의 관리 방법과 계획을 세운다.

(4) 피부 유형 분석

① 문진

② 견진

③ 촉진

④ <u>기기판독법</u>

㉠ <u>우드램프</u>

자외선을 이용한 광학 피부분석기로 피부 상태에 따라 특정한 형광색을 나타낸다.

피부 상태	측정기 반응색상
정상피부	청백색
건성, 수분부족피부	연보라색
민감, 모세혈관 확장피부	진보라색
피지, 여드름	오렌지색
노화각질, 두꺼운 각질층	흰색
색소침착 부위	암갈색
비립종	노란색
먼지, 이물질	반짝이는 하얀 형광색

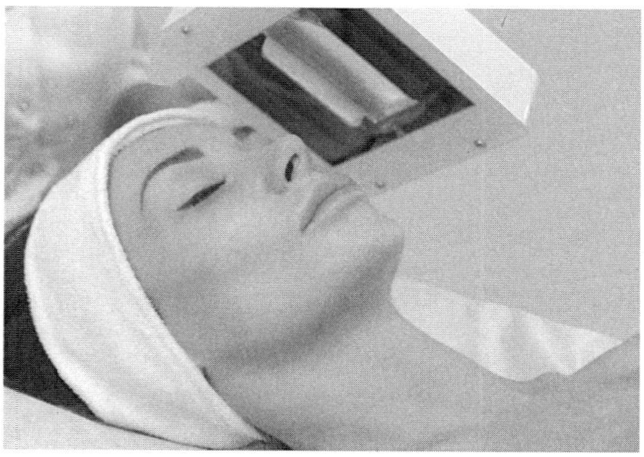

그림 8-1

㉡ <u>확대경</u> : 육안의 5배율의 확대경을 통해, 면포, 색소침착, 잔주름 등의 피부 상태를 분석한다.

㉢ <u>피부분석기</u> : 피부 표면의 조직 등을 80~200배 정도로 확대하여 관찰한다.

㉣ <u>유분·수분 pH 측정기</u> : 피부 표면의 유분 및 수분, pH를 측정한다.

(5) 피부분석 절차

상담 → 고객신상 카드 작성 → 클렌징 → 피부분석 과정 설명 → 견진 · 촉진(기기 사용) → 차트(피부분석 카드) 작성 → 트리트먼트 프로그램 작성 → 피부관리 실행

(6) 피부분석 방법

① 견진법

㉠ 직접 눈으로 보거나 확대경을 통하여 피부를 관찰하고 분석하여 판단하는 방법이다.

㉡ 피부결(각질의 정도, 모공 크기, 솜털의 양), 색소침착 상태, 건조 및 보습 상태, 피지분비와 모세혈관 상태, 안색, 피부 투명도 및 신진대사, 주름(눈가, 입가, 미간), 돌출부 유무 등을 관찰한다.

② 촉진법

㉠ 손으로 만져보거나 눌러서 판단하는 방법이다

㉡ 각질 상태, 피지량 정도, 탄력 정도, 피부 두께 등을 파악한다.

③ 문진법

㉠ 피부와 관련된 여러 가지 사항에 대하여 질문함으로써 판단하는 방법이다.

㉡ 연령, 직업, 가족 및 가정환경, 화장품 사용, 의약품 복용, 질환, 알레르기, 식사, 생활습관, 수면 정도, 과로 상태, 성격, 외부 생활환경, 취미 등을 질문하여 고객 카드에 기록한다.

④ 기기 사용법

㉠ 기기를 사용하여 객관적으로 피부를 판단하는 방법이다.

㉡ 확대경, 피부 · 모발 측정기(skin scope), 수분 측정기, pH 측정기, 유분 측정기, 우드램프(wood lamp) 등을 사용하여 분석한다.

2) 피부분석 내용

지구상에 있는 사람의 수만큼 각 개인의 피부 유형은 다양하며, 각각의 고유한 특성을 지니고 있다. 성별, 연령, 신체조건, 감정 상태, 식이, 기후, 계절 등 주변 환경의 조건과 건강

상태에 따라 계속 변한다.

피부 유형을 진단하고 결정할 때에는 일정한 기준이 있다. 일반적으로 피부 유형을 크게 정상(중성), 건성, 지성, 복합성으로 분류하며, 그 외 문제성 피부로 민감성 피부(예민과 모세혈관 확장 피부), 노화피부, 색소침착피부, 여드름피부 등이 있다.

피부 유형 결정 기준은 일반적으로 전반적인 외부 상태를 보고 결정하고, 메이크업이 클렌징된 상태에서 시행해야 하며, 정확한 피부진단을 위해서는 확대경을 사용하여 다음과 같은 특징들을 관찰한다.

(1) 피부조직 상태

① 정상피부는 가장 건강하고 이상적인 피부로서 결이 곱고, 작은 모공과 표면상 팽창된 느낌을 주며, 당김 현상과 주름이 없으며, 만져보면 부드럽고 탄력이 풍부하다.

② 섬세한 피부조직은 결이 섬세하고 투명하여 약간의 민감성을 나타내며, 피부 당김 현상을 관찰하며, 두꺼운 피부조직은 확장된 모공이 보이며, 촉진 시 각질이 두껍고 단단한 느낌을 주며, 표면이 거칠고 피부결이 불균일하여 울퉁불퉁해 보이는지 관찰된다.

(2) 피지와 땀의 분비량

① 얼굴 피부가 기름기로 번들거리면 피지분비량이 많다는 결과로 지성피부(seborrhoe oleosa)로, 광택이 없으면 기름샘 분비 기능이 저하된 상태로 건성피부나 노화피부로 결정된다.

② 정확한 분석 결과를 얻고자 할 때 다음 방법을 사용할 수 있다.

③ 방법은 메이크업이나 크림을 깨끗하게 클렌징하지 않아도 되며, 클렌징을 할 경우엔 관리 30~40분 전에 미리 클렌징을 하고 크림을 바르지 않은 상태에서 분석하는 것이 단점이다.

㉠ 슬라이드 관찰

▹ 끝이 부드러운 유리 슬라이드를 이마 부위와 뺨 부위에 대고, 힘의 크기를 골고루 누른 후 판에 나타나는 기름과 수분의 무늬 강도를 보고 피부의 전체적인 피지와 수분의 양을 측정하는 방법이다. 반복 측정된 유리 슬라이드를

밝은 빛에서 관찰하면 피지와 수분의 얼룩을 볼 수 있다.

▹ 이 얼룩 자국이 약하면 건성 또는 정상피부이고, 찍힌 얼룩자국이 강하면 지성피부이다.

㉡ 알루미늄 호일이나 큰 기름제거 종이를 얼굴 전체에 대고 눌러서 찍혀나온 지성성분의 무늬를 보고 측정할 수도 있다.

(3) 혈액순환

① 두터운 표피층에서는 얇은 표피층보다 혈관의 모습이 육안으로 거의 드러나지 않기 때문에 피부 혈액 순환 정도는 뺨의 붉은 정도로 분석하는 것이 아니라 눈의 점막과 같은 점막 부분을 관찰하는 것이 바람직하다.

② 눈의 점막을 조심스럽게 눈 아래로 잡아 내리면 내부의 얇은 눈 점막이 나타나고 혈관의 모습 또한 선명하게 드러난다.

③ 눈 내부의 점막 색상이 핑크 또는 붉으면 혈액순환이 좋은 것을 의미한다.

④ 혈액순환 상태를 관찰할 당시의 신체건강 상태에 따라서도 점막의 혈액순환 상태가 여러 가지 양상을 보일 수 있으므로, 오랜 시간을 두고 반복·관찰하여 비교·분석한다.

(4) 멜라닌 색소량과 표피층의 두께

① 깨끗한 유리 슬라이드를 이용하여 측정한다.

② 누르면 피부 내에 깊이 자리하고 있는 모세혈관의 피가 빠져나가게 되면서 피부색이 누런 갈색빛으로 나타나면 누런 흰색빛보다는 색소가 더 많다는 것을 알 수 있다.

③ 유리 슬라이드로 누른 피부 부위와 그 외의 부위가 차이가 강한 혈액순환으로 아주 현저하게 나타나면 표피층이 얇은 상태라고 할 수 있다. 표피층이 두꺼울 경우엔 진피층의 모세혈관의 피가 투명하게 비치지 않으므로 그 차이가 적게 나타난다.

(5) 탄력성

① 탄력성은 눈 밑의 피부를 두 손가락으로 잡아당겨 신축성 있게 빨리 제자리로 돌아가는 상태를 보고 판단한다.

② 눈 아래 피부를 비근(코) 쪽으로 밀어서 원래 상태로 피부가 다시 돌아오는 상태를

보고 판단한다.

③ 젊고 건강한 피부는 빠르게 원상태로 복귀한다.

④ 노화피부는 오래된 고무줄처럼 천천히 원상태로 돌아가며 쉽게 잡아 당겨진다.

위 네 가지 요소를 '탄력성(tonus)'이라 하며 근육 고유의 긴장감에 의해 결정된다.

① 기저층과 유극세포 내의 수분

② 기저층세포 사이, 진피층, 피하조직에 있는 조직액

③ 진피층과 피하조직에 있는 혈관을 채우고 있는 물질

위 세 가지 요소를 긴장감(turgor)이라 하며, 세포의 수분량에 의해 결정한다. 피부분석 시 이러한 두 요인 turgor와 tonus를 서로 뚜렷하게 구분하는 것은 피부관리에 있어 큰 의미를 부여하지 않는다. Tugor와 tonus는 상호 밀접한 연관성을 가지고 있기 때문이다.

(6) 모공의 크기

① 확대경이나 확대거울로 이마, 코, 뺨, 입과 턱 주위를 잘 관찰한다.

② 크고 깊은 모공은 피부가 두껍고 심하게 각질화된 각질층을 의미한다. 이러한 피부는 전형적인 지성피부인데, 그 이유는 큰 모공은 큰 기름샘이 있고, 작은 기름샘은 피지를 적게 생산하므로 작은 모공을 가지고 있기 때문이다.

(7) 각질 상태

피부가 심하게 각질화되면 다른 피부 부위와 비교했을 경우 동물의 가죽처럼 보이며, 과각질화현상은 피부가 일광에 많이 노출되면 더욱 뚜렷하게 나타난다.

(8) 예민 상태

① 피부 예민성은 더마그라피스무스(dermographiamus)라는 기계적인 자극을 주어 측정하는 방법이다.

② 납작하고 끝이 둥근 모양의 스파츌라로 뺨, 데콜테 부위에 적당하게 힘을 주어 2~3cm 정도의 열십자 모양으로 줄을 긋고, 잠시 후 자극을 준 선을 따라 붉거나

흰 자국이 생기는데, 이 자극선을 보고 예민함을 분석하는 방법이다. 희고 붉은 자국이 오랫동안 남아 있거나 부어오르는 피부는 예민한 피부로 판단할 수 있으며, 예민한 피부의 경우 자극선에 좁쌀 같은 두드러기가 발생한다.

(9) 기타

① 피부에 특이한 이상증이 있는가를 잘 관찰한다.

② 여드름(면포, 구진, 결절, 낭종, 낭포), 색소 이상(백반증, 기미, 주근깨, 검버섯), 반흔(kelloid) 형성, 사마귀, 점 등이 있는지를 관찰한다.

2 피부관리 순서

1) 피부관리 절차

상담 → 고객신상 카드 작성 → 클렌징 → 피부분석 과정 설명 → 견진 · 촉진(기기 사용) → 차트(피부분석 카드) 작성 → 트리트먼트 프로그램 작성 → 피부관리 실행

2) 피부관리 절차에 따른 피부관리 진행과정

(1) 터번 감싸기

① 머리카락 전체를 위쪽방향으로 쓸어올린다.

② 머리카락이 터번 밖으로 나오지 않도록 정리한 후 터번을 고정한다.

③ 터번을 너무 강하게 조이지 않는다.

④ 귀 부분은 편안하게 해준다.

(2) 부분화장 지우기

① 관리의 첫 단계로 고객에게 최대한의 편안함과 색조화장 제거 시 메이크업 리무버를 사용하여 고객에게 불편함이 없어야 한다.

② 자극적이지 않도록 세기를 조절한다.

③ 제품을 과다 사용하여 눈과 입으로 들어가지 않도록 한다.

④ 고객이 불편하지 않도록 부드럽고 깨끗하게 닦아준다.

(3) 클렌징

① 피부 표면의 분비물 및 기초화장품의 잔여물과 외부로부터의 오염물질을 제거하는 과정이다.

② 고객의 피부 형태에 적합한 제품을 선택하여 부드럽고 신속하게 행한다.

③ 강한 마찰과 압박은 오히려 클렌징의 효과를 떨어뜨린다.

④ 피부관리에서 클렌징 단계는 피부관리 영역에서 매우 중요한 과정이다.

⑤ 사용 화장품은 클렌징 크림, 클렌징 로션, 클렌징 오일, 클렌징 젤 등이다.

(4) 딥클렌징

① 피부미용관리에서 딥클렌징의 목적은 세포제거와 모공청소를 하는 것이다.

② 세포의 형성을 정상화시키고, 피부에 바르는 화장품의 유효한 물질의 침투와 피부의 각화 현상을 정상화시켜 관리의 효과를 높여주는 단계이다.

③ 사용 방법은 제품의 특성에 맞게 사용되어야 하며, 특히 피부 형태에 따른 사용 방법에 주의한다.

④ 딥클렌저의 단계는 물리적 방법과 화학적 방법이 있으며, 피부 형태와 제품의 특성을 정확하게 분석하고 습득하여 관리한다.

⑤ 사용 화장품은 스크럽, 효소, 고마쥐, A.H.A 종류와 엑스폴리앙뜨로 명시된 제품류 등이다.

물리적 방법

동식물성 각질분해효소를 함유하고 있는 제품들과 알갱이를 함유한 제품들을 사용한다.
→ 이러한 제품은 특성에 따라 도포 후 완전히 마르지 않은 상태에서 손가락의 지두 부분을 이용하여 근육결대로 밀어주어 죽은 세포를 제거하는 방법과 알갱이를 문질러 줌으로써 각질 탈락을 유도하는 방법으로 물리적인 압을 이용하는 방법이 있다.

㉠ 고마쥐

▹ 고마쥐 타입은 각질을 제거할 부위에 얇게 펴 바른 후 고무처럼 탄성있게 마르면 한 손으로 피부를 고정시키고, 다른 손으로 때를 밀어내듯 근육결 방향으로 문지른다.

▹강한 관리에 속하며 예민한 피부나 건성피부는 자제한다.

㉡ 스크럽

▹미세한 알갱이가 함유된 오일이나 크림 타입의 필링제를 얼굴에 바른 후 손을 이용하여 가볍게 문지르는 방법으로 각질을 제거하여 피부를 매끄럽게 하는 방법이다.

화학적 방법

효소와 산의 성분을 이용하여 각질의 분해 작용을 하는 것을 제품의 특성에 따라 도포 후 닦아내는 방법과 거품을 내어서 사용한다.

㉢ 효소

▹각질을 녹여내는 단백질의 분해효소가 함유된 화학적인 필링제

▹주로 분말과 크림 형태

㉣ AHA

▹AHA(Alpha Hydroxy Acid)가 8% 이하 함유된 저농도의 각질제거제로 일반적으로 겔의 형태로 되어 있다.

▹피부에 성분이 남지 않도록 후처리가 중요하다.

(5) 마사지

마사지의 어원은 그리스어의 'Masso'로 문지르다, '주무르다'라는 의미를 가지고 있다. 손을 이용하여 피부에 마찰을 줌으로써 혈액순환과 림프순환, 근육이완 등의 효과와 피부의 기능을 활성화시킨다.

사용 화장품은 영영크림, 마사지용 크림, 오일 등이 있다.

① 마사지의 효과

㉠ 피부의 혈액순환을 촉진시켜 신진대사를 왕성하게 한다.

㉡ 모공을 이완시키며 피지와 땀의 분비를 촉진시킨다.

㉢ 림프순환을 촉진시켜 피부의 저항력을 높인다.

㉣ 긴장된 근육을 이완시키고 피부조직을 부드럽게 한다.
㉤ 피부의 감수성을 향상시켜 피부에 바른 화장품의 흡수율을 증진시킨다.
㉥ 신경을 진정시켜 긴장을 풀어준다.
㉦ 심리적 안정을 가져온다.
㉧ 피하지방의 과다 축적을 억제한다.
㉨ 통증을 감소시켜 주며 부종을 완화한다.

(6) 팩과 마스크의 개요

① 정의

㉠ 팩

피부에 영양을 공급하는 재료를 피부 위에 두껍게 바르는 것으로, 도포 후 차단막을 형성하지 않고 외부 공기와 통하며 굳지 않는다.

㉡ 마스크

피부에 영양을 공급하는 재료를 얼굴에 도포한 후 딱딱하게 굳어져 외부의 공기 유입과 수분 증발을 차단해 유연하게 하고, 유효 성분의 침투를 도와준다.

② 목적과 효과

㉠ 흡착 작용에 의해 모공 속의 노폐물을 제거한다.
㉡ 수분 증발을 억제시켜 피부를 유연하고 촉촉하게 한다.
㉢ 피부에 유효 성분을 침투시켜 피부에 필요한 수분과 영양을 보충한다.
㉣ 피부의 기능을 정상화시키고 색소분열을 조절하여 피부색을 맑게 한다.

3) 피부 유형의 특징 및 관리

(1) 일반적으로 피부 유형은 분비샘에 따른 피부 유형이다.

피부 유형은 주로 기름샘에 분비되는 기름의 양과 땀샘에서 분비되는 수분의 양으로 결정되기 때문이다.

(2) 기름이 많이 분비되는 피부를 보면 대개의 경우 땀 역시 다량으로 분비되며, 분비된 기름과 땀은 서로 자연적으로 친화되어 유화 상태의 피지막을 형성하고, 이 피지막은

피부 유형을 특징짓는다.

(3) 피지분비량은 성호르몬에 의해 좌우되며, 피지를 생산하는 성호르몬은 사춘기에 활발하게 분비되는데, 이로 인해 다양한 피부 유형이 형성되기 시작하는 것이다.

(4) 어린아이 때까지는 과한 일광, 추위 등의 극심한 기후에 노출될 경우 바르는 보호 로션이나 보호 크림을 제외하고는 따로 화장품을 사용하는 피부관리가 필요 없다.

(5) 대부분의 경우 사춘기 동안 기름샘의 분비 활동이 가장 왕성하게 이루어지며, 과잉 분비되어 피부가 지루성화되면 여드름 성향으로 발전하게 된다.

(6) 나이가 들어감에 따라 기름샘 분비기능은 점점 저하되며, 전에 지성, 여드름 피부였던 사람의 대부분은 30대 무렵엔 중성피부로 바뀌고, 45세부터는 노화피부가 된다.

(7) 고객의 피부타입, 피부상태와 사용 중인 화장품 등 피부관리 시 여러 가지 사항들을 정확히 파악하여 고객의 눈높이에 맞는 맞춤형 트리트먼트의 계획을 수립하고 실행하는 것이 매우 중요한 과정이다.

(8) 고객의 신상, 직업, 외부 환경, 질병, 생활습관 등의 정보를 취득하여 정밀한 고객 데이터를 확보하여 보다 과학적인 진단을 통해 피부관리 시 발생할 수 있는 착오 및 문제 발생을 최소화시키며, 궁극적으로 고객의 피부 상태를 최상으로 끌어 올리는데 그 목적이 있다.

4) 피부 상태에 따른 식사법

(1) 여드름 피부

① 여드름 피부의 일반적인 식사 경향

당분과 유지가 많이 함유된 식품을 과잉 섭취하고, 알코올을 선호하는 경향이 있어 야채나 섬유질 성분이 부족한 경향이 있다.

② 식사 경향이 피부에 미치는 영향

㉠ 당분, 유지, 알코올의 과잉 섭취 → 대사를 위해 Vit B군이 다량으로 생산 → 결과적으로 Vi B군(특히 B2B6)이 부족하면 피지분비에 이상이 생겨 여드름에 악영향을 미친다.

㉡ 알코올의 과잉 섭취 → 혈행을 촉진하는 작용 → 모세혈관이 확장 → 피지분비가 많아져 여드름을 악화시킬 수 있다.

㉢ 섬유질의 부족은 변비의 원인이 된다.

㉣ 섬유질이 많이 함유된 식품은 비타민이나 무기질이 풍부 → 피부가 여러 가지 트러블을 완화시키는데도 효과적이다.

③ 섭취해야 할 식품과 피해야 할 식품

㉠ 섭취식품

▹ 섬유질이 많은 식품으로 야채, 감자, 고구마, 토란, 버섯, 해조류

▹ 비타민 B군이 많은 식품으로 돼지고지, 콩, 콩제품, 녹황색 야채, 버섯, 간 등

㉡ 금지식품

설탕이 많은 식품으로 과자류, 청량음료수, 커피, 홍차의 설탕과 크림, 잼 등 유지가 많은 식품으로 과자, 스낵류, 튀김류, 냉동식품, 패스트푸드, 수육가공식품, 땅콩류, 지방이 많은 육류, 버터, 생크릭 등

(2) 색소침착 피부

① 색소침착에 영향을 미치는 영양소

㉠ 단백질

▹ 새로운 피부 생성에 가장 중요한 영양소가 단백질이다.

▹ 양질의 단백질에는 필수 아미노산이 균형 있게 함유되어 있으므로 새로운 피부 생성을 촉진한다.

㉡ 철분

▹ 혈액에는 멜라닌 색소와 함께 자외선으로부터 신체를 지키는 작용이 있는데, 빈혈이 있으면 그 힘이 약해진다.

▹ 멜라닌 색소가 증가하여 기미가 생기기 쉽다.

▹ 기미가 생기기 쉬운 피부라면 빈혈에 걸리지 않도록 주의해야 하며, 철이 많은 식품을 충분히 섭취한다.

㉢ 비타민 C

비타민 C는 멜라닌 색소의 분해를 촉진하고, 빈혈을 예방하는 철분의 흡수를 돕고, 기미의 원인이 되는 스트레스를 완화하는 작용이 있다.

② 섭취해야 할 식품과 피해야 할 식품

㉠ 필수 아미노산이 풍부한 식품으로 계란, 간, 모시조개, 우유, 유제품, 살코기, 생선(전갱이, 고등어 등) 등

㉡ 철분 함유 식품으로는 계란, 시금치, 간, 모시조개, 녹미채, 콩(대두), 대두제품, 김, 말린 멸치. 비타민 C 식품으로 감자, 과일 및 생야채 등은 색소침착 예방에 도움을 준다.

㉢ 자극성 있는 식품과 인공감미료는 일광에 과민해지는 성분이 함유되어 있어 피하는 것이 좋다.

(3) 노화피부

① 노화피부에 영향을 미치는 영양소

㉠ 단백질

- 피부와 탄력은 콜라겐 섬유의 생성과 밀접한 관련이 있다.
- 콜라겐은 세포와 세포를 연결하고, 산소와 영양을 공급하며, 노폐물을 제거한다.
- 피부조직의 약 70%를 차지하는 콜라겐이 부족하게 되면 피부 수분량 감소로 팽팽함을 잃어 주름이 형성된다.

㉡ 비타민 C

- 비타민 C의 가장 중요한 역할은 콜라겐을 합성하는 것이다.
- 호르몬의 분비 촉진, 항균 작용과 스트레스 저항력을 높인다. 신체의 산화를 막아주는 중요한 역할을 한다.
- 철분이나 구리의 흡수를 도와 헤모글로빈 합성에 기여한다. 빈혈예방에 큰 도움을 준다.

② 섭취해야 할 식품과 피해야 할 식품

㉠ 간의 기능을 높이고 호르몬 분비조절 및 촉진시켜 주는 단백질 식품으로 생선류, 흰 살코기(닭고기), 콩 및 콩제품과 참마의 섭취가 필요하다.

㉡ 비타민과 철분 섭취를 위한 신선한 야채 및 과일과 소간, 조개류, 해조류, 약간의 육류 등을 섭취한다.

㉢ 술, 담배와 같은 자극성 물질과 튀김류 및 가공식품의 섭취를 금하고, 스낵 과자류나 아이스크림 같은 간식을 줄이고 스트레스를 받지 않도록 한다.

Chapter

09

피부실전관리

1. 살롱관리
2. 피부미용관리 관점
3. 클렌징 단계
4. 마사지
5. 팩과 마스크
6. 앰플관리

CHAPTER 09

피부실전관리

1 살롱관리(salon treatment)

현대인들은 스트레스로 인해 피부에 여러 가지 문제들이 늘어나고, 동시에 동안에 대한 로망과 결부되어 피부관리에 대한 관심도가 증폭되는 시대를 살고 있다.

이에 살롱관리를 통하여 노화예방 및 여러 가지 문제성 피부의 상태를 개선하고, 건강하게 유지될 수 있도록 전문 피부관리실에서 행하여지는 피부관리는 올바른 지식과 전문적인 트리트먼트 및 이론과 실무를 모두 갖춘 피부관리사에 의해 이루어져야 한다.

이에 피부관리실을 통한 피부관리의 목적, 단계적 절차 등에 관한 내용과 관리 절차에 요구되는 사항 그리고 각 피부 유형별 특징, 관리 방법에 대해 학습내용을 정리해 보고자 한다.

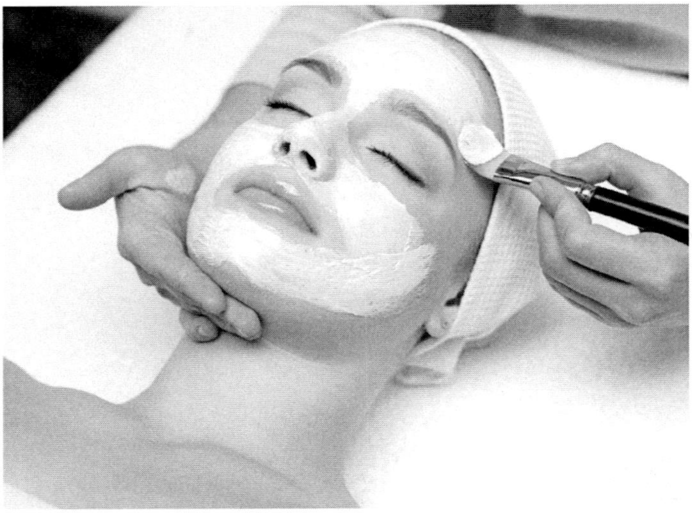

그림 9-1

2 피부미용관리 관점

1) 클렌징의 목적

(1) 피부의 피지와 땀, 대기 중의 먼지, 메이크업 잔여물, 묵은 각질 등을 제거하고 피부를 청결하게 한다.

(2) 세안이나 클렌징 시에 발생하는 피부 자극으로 인하여 혈액순환을 원활히 하고, 피부의 생리적 기능을 돕는다.

(3) 색조 화장품이나 유성노폐물을 제거하고 피부를 청결하게 하며, 피부호흡과 흡수를 원활하게 한다.

(4) 다음 피부미용과정에서 사용되는 화장품의 유효 성분들의 흡수를 도와준다.

(5) 세안 시 느끼는 심리적, 정신적 청량감으로 상쾌함을 준다.

2) 클렌징 시 유의사항

(1) 피부에 자극을 주지 않으며, 동작에 힘을 빼고 가볍게 문지른다.

(2) 피부의 피지막이나 수분 성분을 완전히 제거해서는 안 된다.

(3) 세안제품을 사용한 후 피부에 부작용이 없어야 한다.

(4) 시작은 미지근한 물로, 마무리는 찬물을 사용하는 것이 좋다.

3 클렌징 단계

1) 1차 클렌징(point make-up cleansing)

아이섀도, 마스카라, 눈썹, 아이라인, 입술을 닦아내는 과정을 말하는 것으로, 클렌징의 첫 단계이다. 유성 색조 성분을 효과적으로 제거할 수 있는 전용 메이크업 리무버를 사용한다.

(1) 포인트 메이크업 리무버(point make-up remover)

눈과 입술화장을 지울 때 사용되는 전용 리무버로 유성의 색조화장을 효과적으로 제거할 수 있으며, 눈물과 비슷한 pH를 가지고 있어 눈에 들어가도 자극이 되지 않는다.

수성과 유성제품이 있으며 수성제품은 사용감이 부드럽고 자극이 적으며, 물에 잘 지워지는 산뜻한 타입으로 정상피부나 지성피부에 적합하고, 클렌징한 후 눈 주변이 건조해지지 않도록 유성 성분을 첨가한 제품은 건성피부에 적합하지만, 눈에 들어가면 눈이 뿌옇게 흐려지고 잔여물이 남을 수 있으며, 그 후 화장을 할 경우 잘 지워진다는 단점이 있다.

2) 2차 클렌징(face cleansing)

얼굴과 목 등의 전체적인 클렌징과정으로 피부 타입에 맞는 적절한 클렌징 제품을 선택하여 피부 표면에 있는 화장품과 노폐물, 공해물질, 먼지 등을 부드럽게 클렌징한 다음 티슈로 닦아낸다. 클렌징제가 피부에 흡수되는 것을 막으려면 약 3분 내에 닦아내야 한다.

(1) 클렌징 크림(cleansing cream)

유성의 크림 상태(W/O) 제품으로 광물성 오일이 40~50% 정도 함유하고 있어 유분이 많아 이중세안이 필수적이다.

세정력이 뛰어나 진한 메이크업을 하고 난 후나 day 및 night 메이크업, 특수화장 및 분장 등 유성의 화학성분이 들어있는 화장품을 제거하는데 효과적이며, 건성피부에 적합하고 지성피부나 예민한 피부를 가진 사람은 가급적 피하는 것이 좋다.

클렌징 후 피부에 남은 경우 모공을 막아 피부트러블의 원인이 될 수 있으므로 클렌징폼 또는 약산성 비누를 이용하여 반드시 이중세안을 한다.

(2) 클렌징 밀크(cleansing milk)

일반적으로 클렌징 로션(cleansing lotion)이라고도 하며, 친수성의 로션 상태(O/W) 제품으로 기름이 물에 분산된 상태이다.

피부에 자극이 적어 건성, 노화, 민감 피부에 적당하고, 클렌징 크림에 비해 수분을 많이 함유하고 있어 사용감이 편하고 피부에 자극이 적다.

(3) 클렌징 오일(cleansing oil)

물과 친화력이 있는 오일 성분을 배합한 제품으로 물에 쉽게 용해되는 친수성 제품이 많고 진한 화장을 한 다음 사용하기에 좋다.

피부에 자극 없이 사용되어 건성, 예민성, 노화피부에 적합하고, 눈화장, 입술화장을 제거할 때에도 사용 가능하다.

(4) 클렌징 젤(cleansing gel)

오일 성분이 전혀 함유되지 않은 젤 형태의 클렌징제이며, 지방성분이 없어 촉촉한 사용감이 뛰어나다. 흡착력이 우수하여 피부에 오염물질의 제거가 잘되며 모공이 넓은 피부에도 사용감이 좋다.

예민 피부, 알레르기성 피부, 여드름 피부에 적합하다.

(5) 클렌징 워터(cleansing water)

화장수, 계면활성제, 에탄올을 소량으로 배합한 제품으로 가벼운 화장을 지우거나 피부를 닦아낼 때 사용한다. 피부를 닦을 때에는 화장솜에 내용물을 충분히 적셔 피부에 불순물이 나오지 않을 때까지 여러 번 반복하여 사용한다.

예민성 피부, 알레르기 피부에 사용하고 눈화장, 입술화장 제거용으로 사용할 수 있다.

(6) 클렌징 티슈(cleansing tissue)

클렌징 워터를 티슈에 적신 것으로 휴대하여 외출 시 화장을 고칠 때 사용하는 제품이다.

3) 3차 클렌징

피부 유형에 적합한 화장수를 사용하여 세안 후에 남은 세안제의 잔여물과 노폐물을 제거하고, 피부의 pH 밸런스를 조절하며 수분을 공급한다.

화장솜에 화장수를 적당량 적신 후 얼굴과 목 등의 부위를 피부결 방향으로 부드럽게 닦아낸다.

(1) 화장수의 기능

① 세안 후 남아있는 잔여물을 닦아내는 작용
② 피부의 각질층에 수분공급 작용
③ 세안 후 알칼리성 피부를 약산성 상태로 pH 밸런스를 조절하는 작용
④ 피부생리 작용의 조절
⑤ 트리트먼트의 첫 보습 단계로 피부를 매끄럽게 하고 유연성 향상
⑥ 피부의 살균이나 소독에 효과적인 약용비누, 피부의 수렴 작용
⑦ 피부를 정상 상태로 회복시켜 보습 성분과 활성 성분의 흡수를 용이

(2) 화장수의 종류

① 유연화장수

㉠ NMF(천연보습인자) 등의 보습성분과 유연성분이 많이 함유되어 각질층에 보습력을 형성하며, 피부를 유연하고 매끈하게 한다. 보습제가 중요한 역할을 하며, 사용감을 위해 점액질, 유연제 등이 첨가된다.
㉡ 건성 또는 노화피부에 효과적으로 사용된다.
㉢ 다음 단계에서 사용하는 제품의 흡수를 용이하게 한다.

② 수렴화장수

㉠ 수렴제를 배합한 화장수로 아스트리젠트라고 한다.
㉡ 주로 중성, 지성, 복합성 피부에 사용되고 모공확장 피부에 사용된다.
㉢ 모공 수축, 피지분비 조절 등을 통하여 피부조직을 정돈해준다.
㉣ 약산성 상태로 피부의 pH 조절, 살균, 소독의 역할을 한다.
㉤ 신선감과 청량감을 준다.
㉥ 피지와 땀에 오염이 쉬운 여름철에는 모든 피부에 사용할 수 있다.

③ 소염화장수

㉠ 주요 성분은 아연화, 알란토인, 캄파이다.
㉡ 피부를 청결하게 해주는 화장수로 살균과 소독을 한다.
㉢ 모공수축, 신선감, 청량감을 주는 화장수이다.
㉣ 무알코올 화장수는 식물성 허브추출물 등의 활성 성분을 이용하여 살균, 소독

효과를 주고 있다.

ⓜ 과거에는 알코올 함량이 높은 화장수들이 많았으나, 차츰 무알코올 소염화장수가 나오고 있다.

ⓗ 지성, 여드름 및 복합성 피부의 T-zone 부위에 과잉 피지를 흡수하거나 염증이 생긴 피부를 진정시키는 데 효과가 있다.

(3) 화장수의 알코올 함량

① 일반적으로 0~10% 정도 함유되어 있다.

② 알코올 함량이 10% 이하 함유된 유연화장수는 부드러운 화장수로 적당한 수분을 공급하며, 피부에 유연성을 높여주므로 모든 피부에 사용한다.

③ 알코올 함량이 4% 이하의 낮은 화장수를 무알코올 화장수라 하며, 무자극성이라 피부가 예민하거나 수분이 부족한 건성피부에 사용한다.

④ 여드름 피부인 경우 알코올이 10~30% 정도 함유된 수렴화장수는 사용감이 산뜻하고 피지를 제거하며, 소독력은 좋으나 피부가 건조해지고 예민해지는 단점이 있다.

⑤ 최근에는 무알코올 화장수와 무자극의 살균성 천연 활성성분을 함유한 화장수를 많이 사용한다.

4) 딥클렌징

(1) 딥클렌징 개요

① 피부미용관리에서 딥클렌징의 목적은 세포제거와 모공청소를 하는 것이다.

② 세포의 형성을 정상화시키고, 피부에 바르는 화장품의 유효한 물질의 침투와 피부의 각화 현상을 정상화시켜 관리의 효과를 높여주는 단계이다.

③ 사용 방법은 제품의 특성에 맞게 사용되어야 하며, 특히 피부 형태에 따른 사용 방법에 주의한다.

④ 딥클렌저의 단계는 물리적 방법과 화학적 방법이 있으며, 피부 형태와 제품의 특성을 정확하게 분석하고 습득하여 관리한다.

⑤ 사용 화장품은 스크럽, 효소, 고마쥐, A.H.A 종류가 명시된 제품류 등이 있다.

(2) 딥클렌징의 목적 및 효과

① 딥클렌징의 목적

딥클렌징은 일반 클렌징 후 각질층에 쌓이는 죽은 세포와 노폐물을 정기적으로 제거하여 피부층의 흡수장벽을 완화시킨 후, 다음 단계의 영양 흡수를 용이하게 하며, 건강하고 매끈한 피부를 만들고 노화를 지연·방지하는데 목적이 있다.

② 딥클렌징의 효과

㉠ 피지의 분비를 조절하여 안색이 맑아진다.
㉡ 화장품의 흡수를 돕는다.
㉢ 피부재생, 노화방지를 위한 조건을 제공한다.
㉣ 물리적 딥클렌징으로 인한 혈액순환을 촉진시킨다.

(3) 딥클렌징의 방법

① 물리적인 방법

손이나 기계 등의 물리적인 마찰로 인한 노화된 각질을 제거하는 방법으로, 스크럽(scrub), 고마쥐(gommage) 등의 제품 타입과 브러싱(brushing)이나 석션 등의 기기가 사용된다.

물리적 딥클렌징은 과각화된 피부, 면포성 여드름, 지성피부, 여드름 상흔이 있는 피부, 모공이 큰 피부에 효과적이다. 단, 모세혈관 확장증, 염증성 피부, 민감성 피부, 자외선에 의해 심하게 손상된 피부에는 절대 피하도록 한다.

② 화학적인 방법

화학적 딥클렌징은 피부 표피의 각질층에 쌓인 오래된 피지나 각질을 가수분해하거나 이온화시켜 분해시키는 방법으로, 에스테틱 분야에서 일반적으로 효소(enzyme)와 AHA(α-hydroxy Acid)를 사용한다.

화학적 필링으로 T.C.A.(trichloroacetic acid), 벤졸퍼옥사이드(benzoilperoxid), 페놀(phenol) 등 화학적 약품을 이용하여 노화된 표피의 일부 또는 전체를 인위적으로 제거해 내는 방법도 있지만, 이는 에스테틱 분야보다 의학적 분야에서 다루어진다.

(4) 딥클렌징 유형별 사용 방법

① 스크럽

㉠ 손소독 후 유리볼에 스크럽제를 덜어 준다.

㉡ 스크럽제를 팩 붓으로 도포한다.

㉢ 손 소독 후 가볍게 전체를 러빙한다.

㉣ 과제 시작 5분 경과 후 해면으로 털어내듯이 돌려가며 닦아낸다.

㉤ 온습포를 사용한다.

㉥ 토너로 마무리한다.

② 고마쥐

㉠ 손 소독 후 터번 안에 티슈를 안쪽에 넣고 귀까지 가려준다.

㉡ 티슈를 고객의 목 주변 양쪽에 깔아놓는다.

㉢ 유리볼에 고마쥐를 덜어준 후 팩 붓으로 얇게 펴 바른다.

㉣ 아이패드를 해준다.

㉤ 고마쥐가 약간 마를 동안 유리볼에 물을 준비해 둔다.

㉥ 손 소독 후 아이패드를 제거하고 피부결 방향으로 밀어주듯 각질을 제거한다. 밀어낼 때 무리한 압력을 가하지 않도록 하며, 피부 처짐을 방지하기 위해 텐션을 주며 작업한다.

㉦ 관리 시작 5분 경과 후 손에 물을 묻혀서 전체를 러빙한다.

㉧ 터번을 다시 세팅하여 끼워진 티슈와 목 주변의 티슈를 제거한다.

㉨ 해면으로 닦아준다.

㉩ 온습포를 사용한다.

㉪ 토너로 마무리한다.

③ 효소

㉠ 손 소독 후 볼에 물과 효소를 섞어서 요플레보다 약간 묽게 믹싱한다.

㉡ 팩 붓으로 턱선에서 이마 방향으로 효소를 바른다.

㉢ 아이패드를 한 후 젖은 거즈를 도포한 부위에 올려준다. 효소가 마르지 않도록 하기 위함이다.

㉣ 거즈 위에 온습포를 올려놓는다.
㉤ 관리 시작 5분 경과 후 온습포, 거즈, 아이패드를 제거한다.
㉥ 해면으로 제거한다.
㉦ 온습포를 사용하여 닦아준다.
㉧ 토너로 마무리하며 주변을 정리한다.

④ 아하(AHA)
㉠ 손 소독 후 아이패드를 먼저 해 준다.
㉡ 유리볼에 아하를 적당량 덜어준다.
㉢ 팩 붓이나 면봉을 이용하여 턱선에서 이마 방향으로 흘러내리지 않도록 도포한다.
㉣ 과제 시작 5분 경과 후 아이패드를 제거한 후 해면으로 돌려가며 닦아준다.
㉤ 냉습포를 사용한다.
㉥ 토너로 마무리한다.

4 마사지

마사지의 어원은 '문지르다'를 뜻하는 그리스어 'MASSO'에서 유래한다. 인체의 근육조직을 쓰다듬기, 마찰하기, 두드리기, 주무르기 등을 하는 행위이다. 혈액순환과 신진대사를 증진시켜 체내 노폐물의 배설 작용을 돕고, 피로회복을 통해 건강한 몸을 유지한다.

1) 목적 및 효과

(1) 화장품의 흡수율을 높이고 긴장된 근육의 이완 및 통증을 완화한다.
(2) 혈액순환 및 림프순환을 촉진시켜 신진대사를 증진시킨다.
(3) 심리적으로 안정감을 주고 신경을 진정시켜 긴장을 풀어준다.
(4) 조직의 노폐물과 노화된 각질을 제거하여 피부의 청정 작용을 도와준다.

2) 매뉴얼 테크닉을 삼가야 하는 경우

(1) 심장에 관련된 질병과 고혈압 증상이 있는 경우

(2) 일광 후 피부가 자극을 받은 경우

(3) 임신 말기의 임산부, 수술 직후나 당뇨병 환자

(4) 정맥류, 혈우병, 부종 등 혈액순환에 관한 질병이 있는 경우

(5) 전염성이 있는 피부질환, 염증이나 알레르기 등 각종 피부질환 환자

(6) 생리 전후 피부가 트러블을 일으키기 쉬운 민감한 상태일 경우

3) 매뉴얼 테크닉의 종류

(1) 기본동작

① 쓰다듬기 : 무찰법, 경찰법

② 문지르기 : 마찰법, 강찰법

③ 반죽하기 : 유찰법, 유연법

④ 두드리기 : 고타법, 경타법, 타지법

⑤ 떨기 : 흔들기, 진동법

(2) 쓰다듬기(경찰법, 무찰법, effleurage)

① 피부를 가볍게 마찰하는 방법

② 마사지 시 처음 시작과 마무리 동작에 기본적으로 사용

③ 처음과 마지막의 속도와 압력이 일정

(3) 문지르기(강찰법, 마찰법, frition)

① 피부에 강한 자극을 주며 강하게 문지르는 방법

② 손을 이용하여 원을 그리는 동작

③ 주름이 발생하기 쉬운 부위(이마, 코, 눈가)에 많이 실시

(4) 주무르기(유연법, 유찰법, petrissage)

① 피부를 반죽하듯 주물러서 푸는 방법
② 손가락 전체를 이용하여 피부를 쥐듯이 잡아서 행하는 방법
③ 손에 힘을 주어 피부를 누르기도 함

(5) 두드리기(고타법, 타진법, 경타법, tapotment)

① 손을 이용하여 피부를 두드려 주는 방법
② 두드리는 강도와 횟수는 목적에 따라 달리 한다.
③ 화장품의 침투를 촉진
④ 피부에 자극을 주어 생기를 부여한다.

(6) 떨기(진동법, vibration)

① 피부를 흔들어 울림을 주는 방법
② 손 또는 손가락의 힘을 이용하여 두 손을 동시에 움직이며 피부에 고른 진동을 준다.
③ 섬세한 자극을 주는 동작으로 떨기의 세기에 따라 효과가 다르다.

(7) 누르기(압박법, pression)

① 한손 또는 양손을 이용하여 조직을 잡고, 들거나 누르는 동작들로 압력이 사용되는 것
② 혈액순환 촉진, 근육경련 해소, 노폐물 제거
③ 피부내층과 근육층 깊은 곳까지 국소자극을 강하게 주어 혈액순환을 촉진시키고, 모공에 축척된 피지를 배출한다.
④ 노폐물 제거에 좋고 혈액순환을 원활하게 한다.

5 팩과 마스크

1) 팩

(1) 팩의 정의

① 공기, 습도 등을 투과하여 피부의 작용은 낮춰주어 진정 작용을 한다.

② 증발열에 의한 냉각 작용 때문에 모세혈관이 수축이 된다.

③ 피지샘과 땀샘에 대해 조절 작용을 한다.

④ 15~20분 후 제거하며, 습포나 해면, 미온수로 닦아낸다.

(2) 팩의 종류

① 필 - 오프 타입

② 워시 오프 타입

③ 티슈 오프 타입 : 크림, 젤

(3) 팩 사용 시 주의사항

① 팩을 선정하기 전에 고객의 피부 형태, 상태, 계절 등을 고려하여 선택한다.

② 팩의 효능과 느낌에 대하여 고객에게 미리 전달한다.

③ 도포 및 제거 시 고객의 눈, 코, 입에 들어가지 않도록 주의한다.

④ 도포 방법은 얼굴 중 온도가 가장 낮은 부위에서부터 시작(볼 → 턱 → 이마 → 코 순)한다.

⑤ 시간 엄수

2) 마스크

(1) 마스크의 정의

① 굳은 과정에서 공기를 차단한다.

② 피부는 혈액과 림프 작용에만 의존하여 혈액순환을 촉진한다.

③ 영양물질의 흡수 촉진은 확산에 의해 이루어진다.

④ 습기의 흐름을 차단하여 피부가 부풀어 탄력성 있고 팽팽하게 보이도록 한다.

(2) 마스크의 종류

분말 형태로 되어 있으며, 석고용약, 화장수, 증류수 등을 희석하여 얼굴에 바르면, 수분 후 석고의 온도가 올라가 열이 난다.

얼굴, 가슴, 등, 다리 등의 신체 부위에 적절하게 사용할 수 있다. 강한 필링시술 후 또는 방금 목욕이나 사우나를 한 고객에게는 사용을 금한다.

① 석고 마스크(GIPS Mask)

㉠ 성분 : 크리스탈, 벤토나이트, 황산칼륨

㉡ 효능

- ▹석고가루가 물을 만나 반응할 때 발생하는 열(42~45℃ 이상 상승)이 피부모공을 확장시켜 피부 속 깊이 영양 성분을 침투시키고, 다시 석고가 굳으면서 모공을 닫아주어 피부를 정돈시키는 기능
- ▹피부기능을 활성화시켜 피부 신진대사 및 혈액순환이 촉진되고, 림프의 흐름이 좋아져 맑고 투명한 피부
- ▹앰플, 고농축 세럼 또는 영양 크림을 피부 속 깊숙이 침투시키는 것으로, 노화된 피부에 영양분과 수분을 공급시키고 피부 탄력을 강화시켜 준다.

㉢ 적용 피부 : 노화, 건성 정상피부에 효과적이다.

㉣ 석고 마스크에 부적합한 피부

- ▹모세혈관 확장 피부
- ▹화농성여드름 피부
- ▹안면피부병
- ▹일광 후 홍반
- ▹고온 사우나 후

㉤ 사용 방법

- ▹피부 타입에 맞는 앰플 또는 세럼을 바른다.
- ▹석고전용크림을 두껍게 바르는데, 특히 눈썹 주위엔 더 두껍게 바르거나 아이패드 적용 시 아이패드를 눈썹까지 넓게 덮어 준다.
- ▹아이패드를 덮는다.

- ▹ 모발에 석고가 붙지 않게 티슈로 잘 싼다.
- ▹ 미리 준비해 둔 거즈에 숨구멍을 내고 거즈를 얼굴에 덮는다.
- ▹ 석고를 용액과 희석할 때 너무 되거나 묽게 희석하지 않는다.
- ▹ 석고는 시간이 경과함에 따라 응고되므로 가능한 빠른 동작으로 바른다.
- ▹ 석고 도포 시 전체 두께가 일정하면 열 효과를 더 얻을 수 있다.
- ▹ 열이 완전히 식으면 턱 선에 양손으로 가볍게 비튼 후 밑에서 위로 떼어낸다.
- ▹ 석고팩 볼에 남아 있는 잔여 석고는 절대 씻어내지 않고, 응고 후 스파츌라로 잘 긁어 제거한 후 쓰레기통에 버리고, 다시 잘 닦아 물에 볼을 씻는다.
- ▹ 반드시 사용 전 밀실공포증 여부를 문의한다.
- ▹ 축농증일 경우 코와 입 주위는 석고를 도포하지 않은 채 열어놓아야 한다.
- ▹ 효과
  - ◦ 열 효과로 앰플 등의 유효성분을 피부 깊숙이 침투시킨다.
  - ◦ 피부의 피지, 각질 등의 노폐물을 흡착한다.
  - ◦ 미네랄 성분을 침투시켜 염증을 완화시킨다.
  - ◦ 혈액순환을 원활히 하여 피부에 생기와 탄력성을 부여한다.

② 알고 고무 마스크(Algo rubber mask)

분말 타입으로 해초가 주성분으로 피부 진정, 화이트닝, 여드름, 예민한 피부에 효과적이다.

도포 20분 후 피부에 자극 없이 한 번에 떼어낼 수 있어 시술이 간편하며, 요즘은 야채, 과일 등의 다양한 자연식물성 성분을 첨가해서 효과를 높이고 있다.

㉠ 성분

- ▹ 해양식물의 추출물과 허브 추출물, 콜라겐, 차콜 민트 등
- ▹ 팩에 따라 다양한 활성 성분 함유

㉡ 효능

- ▹ 피부 표면에 수분 증발을 일시적으로 정지시켜 주고, 각종 활성 성분들이 피부 깊숙이 침투하도록 하여 피부에 산소공급과 독소제거 역할을 한다.
- ▹ 표피에 수분을 증가시켜 보습과 재생능력을 증가시켜 주며, 노폐물 흡착과

진정 작용을 한다.

③ 콜라겐 벨벳 마스크(collagen velvet, collagen sheet)

콜라겐이 주성분인 제품이며, 벨벳과 같은 감촉 때문에 벨벳 마스크라고도 한다. 용해성 콜라겐을 건조시켜 종이 형태로 만든 것이며, 사용 시 마스크를 피부에 부착하기 위해 증류수 또는 화장수를 화장솜에 적셔 누르거나 브러시로 바르거나 용액을 스프레이로 뿌린다.

마스크 가습기를 흡수하게 되면 피부에 밀착되고, 마스크 안에 함유된 콜라겐 성분이 피부에 서서히 흡수된다. 보습 효과로 인해 잔주름이 개선되며, 모든 피부에 적용 가능하며 약 20~30분 후 걷어낸다.

순수천연 콜라겐(natural collagen)의 현탁액을 낮은 온도로 건조시켜 얻은 마스크로, 피부의 결합조직세포와 흡사하게 얇게 만들어 처리시킨 것으로, 피부 깊숙이까지 침투가 가능하고, 건성, 노화피부 또는 여드름피부, 필링 후 재생관리 등으로 사용하면 효과적이다.

㉠ 성분 : 콜라겐 외 활성 성분
㉡ 효능 : 피부 수화능력 증진, 잔주름 완화, 탄력 증진, 미백 작용, 진정 작용
㉢ 적용 피부 : 화농성 여드름 피부를 제외한 모든 피부에 사용 가능하다.
㉣ 주의사항 : 약 30분 후 벨벳 마스크를 걷어내고, 화장수로 정리한 다음 앰플과 에센스, 크림과 자외선 차단제로 마무리한다.

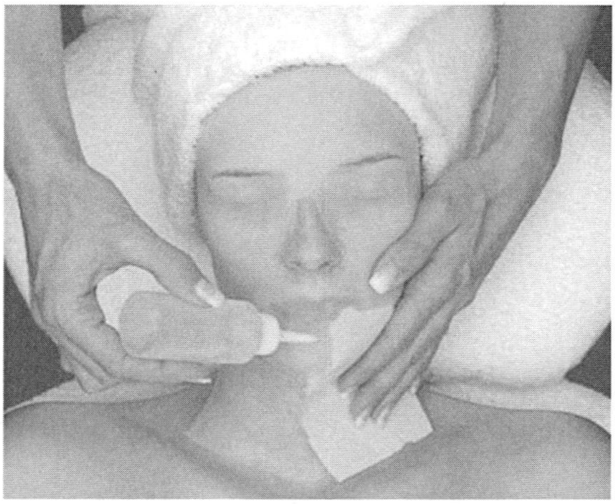

그림 9-2

ⓜ 붙이는 방법

- ▹스펀지에 전용 콜라겐 마스크 용액 또는 증류수를 묻혀서 붙인다.
- ▹브러쉬를 담가서 붓으로 발라준다.
- ▹전용용액 자체가 스프레이식으로 시판되는 용액은 직접 얼굴에 분무하여 붙인다.

ⓑ 주의사항

반드시 유분막이 제거된 상태(fat free)에서 마스크를 붙인다(마사지 전).

- ▹콜라겐은 입자가 아주 미세하므로 마사지를 통하여 이미 유분(oil)의 침투가 이루어진 상태에선 수용성의 콜라겐 침투가 어려우므로 효과가 저하되기 때문이다.
- ▹사용 전 코 부위 등 미절개된 제품은 눈, 코, 입 부위를 미리 절개하여 숨구멍을 내고, 굴곡이 심한 목 부위도 미리 절개하고, 겹치거나 남는 부분을 자른 후에 아이마스크로 사용한다.
- ▹젖은 손으로 만지지 않는다.
- ▹기포가 형성되지 않게 유의하여 피부와 완전하게 밀착시켜 붙인다.
- ▹제거 시 콜라겐 시트가 절대로 건조된 상태가 되면 안 되고, 시간 경과마다 용액을 충분히 피부에 적용한다.

ⓢ 효과

- ▹세포를 재생시켜 노화를 방지하고, 탄력성을 부여하여 잔주름을 제거시켜 준다.
- ▹독성을 제거해주고, 피부를 맑고 투명하게 해 준다.
- ▹눈 주위 그림자인 눈 그늘을 감소시키고, 모공이 축소된다.

④ 왁스 마스크(파라핀 마스크, wax mask)

㉠ 왁스 파라핀, 에틸알코올, 스테아릴, 알코올 등이 혼합되어 만들어진 마스크이다.

㉡ 실온에서는 고형이므로 사용 직전 녹여서 사용한다.

㉢ 녹인 마스크를 피부에 바르면 높은 온도로 모공이 열려 피지와 불순물이 배출되고, 피부에 열을 가함으로써 피부의 영양 흡수력이 강화되어 피부의 탄력성과 보습력이 증대된다.

㉣ 중성, 건성, 노화피부에 좋고 민감성 피부와 모세혈관 확장 피부에는 사용하지

않는다.

ⓜ 시술 전 눈썹에 두껍게 크림을 바르고 아이패드를 덮는다.

ⓑ 거즈를 덮은 뒤 1시간 정도 후 완전히 응고되면 주걱을 이용하여 떼어낸다. 시술 방법은 석고 마스크와 비슷하다.

⑤ <u>알고 마스크(algo mask, algien-mask, seaweed-mask)</u>
해초에서 추출한 알긴산이 주성분인 마스크로 20분 후 고무판 모양으로 응고되면 제거된다.

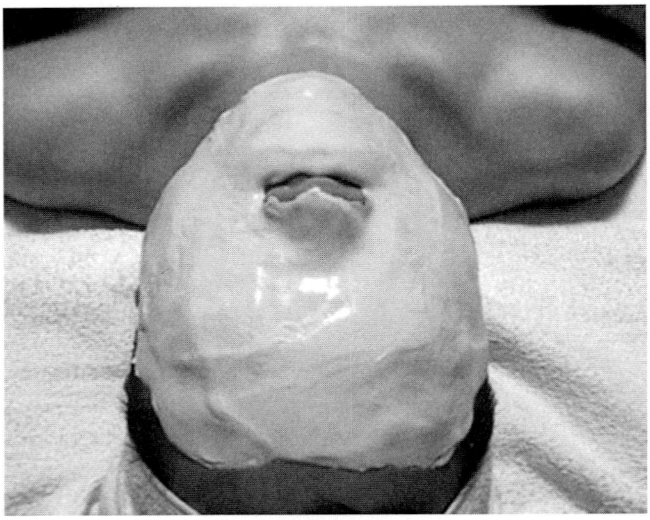

그림 9-3

㉠ <u>효과</u>

▹ 세럼 또는 앰플 도포 시 차단막의 효과로 세럼 활성 성분이 보다 효과적으로 흡수된다.
▹ 피부의 홍반 또는 발적 현상을 진정시켜 준다.
▹ 피부의 독성과 노폐물이 제거된다.
▹ 피부 온도를 낮춰 줌으로써 림프 순환을 촉진시킨다.
▹ 눈 주위의 부기 및 다크서클을 감소시킨다.
▹ 피부에 윤기를 부여해 주고, 모공을 축소시킨다.

6 앰플관리

천연, 동식물의 다양한 재료를 방부제 첨가 없이 일회용으로 만들어 놓았기 때문에 사용하기 편리하다. 진공 상태로 제조하여 유리병에 담아놓은 앰플은 수성농축 앰플과 유성농축 앰플로 구분된다.

피부 유형과 성분에 따른 다양한 종류의 앰플이 있다. 보통 관리실에서 사용할 수 있는 것과 홈케어용으로 쓸 수 있는 것이 구분되어 시판된다. 거의 모든 종류의 앰플은 이온화되어 있어 필요한 경우 갈바닉전류를 이용하여 사용하기도 한다.

1) 사용 방법

(1) 깨끗이 세안된 피부에 앰플액을 손으로 누르듯이 압력을 주어 피부 내로 침투시킨다.

(2) 직류전류(갈바닉전류)를 이용하여 피부 내 깊숙이 침투시킨다.

2) 적용

(1) 여드름 피부일 경우에는 여드름(acne) 압출 후 적용한다.

(2) 그 외 피부일 경우 마사지하기 전 적용한다.

(3) 팩이나 마스크관리하기 전 팩 밑에 깔아준다.

(4) 마무리 단계에 적용한다.

(5) 갈바닉전류 이용 시 적용한다.

3) 종류

(1) 보습 앰플

건성피부나 거칠고 탄력성이 떨어진 피부에 수분을 공급해 주는 농축액으로, 주성분으로는 NMF, 히아루론산 등이 사용된다.

(2) 민감 앰플

자극이나 마찰 등에 아주 예민하고 스트레스로 지친 피부에 쓰이는 특수 농축액으로, 주성분으로는 아줄렌, 비자볼올 등이 사용된다.

(3) 모공 축소 앰플

지성피부나 여드름성 피부 혹은 모공이 확장된 피부에 사용하며, 주성분은 하마멜리스, 탄닌 등이 주로 쓰인다.

(4) 노화피부 앰플

① 늙고 탄력 없는 피부에 동 · 식물에서 자연 추출한 성분을 이용하여 가볍게 활기를 주어 생기를 불어 넣는다.
② 피부의 흡수력을 높여 보습 효과도 준다.
③ 주성분으로 리포좀, 콜라겐, 엘라스틴, 플라센타 등이 사용한다.

(5) 색소침착 방지 앰플

멜라닌의 불규칙한 형성으로 인하여 기미, 주근깨 등 색소가 침착된 피부에 색소침착을 저지하고, 색소가 엷어지는 성분인 하이드로퀴논, AHA를 넣어 제조한 앰플이다.

(6) 지성피부용 앰플

① 지성피부와 여드름피부 관리용이다.
② 피지의 균형을 잡아 주며, 진정, 수렴, 살균 및 소독 효과가 있다.
③ 주성분으로 하마멜리스, 캄파, 샐비어 등이 사용된다.

Chapter

10

제모 및 전신관리

1. 제모
2. 영구적 제모
3. 일시적 제모
4. 전신관리
5. 선탠관리

CHAPTER

10 제모 및 전신관리

1 제모

제모란 신체에 있어서 불필요한 부분의 털을 제거하는 것이다. 왁스를 녹여 원하는 부위의 피부에 얇게 펴서 바르고 천을 붙여 제거하는 것이다.

오랫동안 사용했던 부위는 털의 모근이 파괴되어 점차적으로 털이 적게 나게 되며, 제모를 할 경우 제모뿐만 아니라 피부 표면의 죽은 세포까지도 제거되기 때문에 피부를 부드럽고 윤택하게 만들 수 있다. 신체의 과도한 털은 유전적 원인이나 호르몬의 불균형에서 기인된다고 알려져 있으나, 아직까지 정확한 원인은 밝혀지지 않고 있다.

제모란 여성과 남성 모두에게 있어서 미용상 혹은 미관상 털이 저해요소로 작용할 때가 있는데, 이러한 털을 제거하는 것을 말한다. 얼굴의 솜털(이마, 코밑 부위, 턱, 얼굴 전체), 팔, 다리, 겨드랑이 등의 노출된 부위에 불필요하거나 미관상 저해가 될 때 혹은 개인의 취향에 따라 그 부위의 털을 제거하는 것이다,

1) 목적 및 효과

다리, 팔 등의 털을 제거하여 미용상 아름답고 매끄러운 피부를 표현할 수 있고, 얼굴의 솜털을 제거하여 마사지 효과를 상승시킬 수 있다.

2) Hair의 기능, 구조, 형태, 주기

(1) 기능

① 피부 표면을 보호

② 유해물질의 침입을 방지

③ 체온 유지

④ 촉각 및 통각 전달

⑤ 피지 및 노폐물 배출

(2) 구조

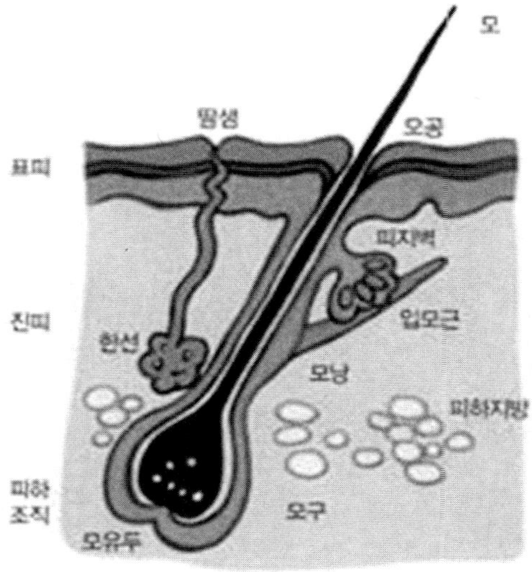

그림 10-1

① 모간(hair shaft) : 피부 밖으로 나와 있는 부분

② 모근(hair root) : 피부 안에 들어 있는 부분

③ 모낭(hair follicle) : 모근을 싸고 있는 부분

④ 모구(hair bulb) : 전구 모양 또는 곤봉 모양의 모낭의 바깥 부분

⑤ 모유두(hair papilla) : 모낭의 맨 밑으로 모발을 단드는 배아세포가 모여 있는 부분

⑥ 피지선(sebaceous gland) : 입모근에 있는 기름샘으로 모공으로 피지를 배출

⑦ 입모근(arrector pili muscle) : 털을 지지하며 추위, 공포, 놀람 등의 상태에 위축

(3) 형태

① 취모 : 태아 5개월경에 생겨 태아를 보호, 부드럽고 수질이 없으며 전신에 분포한다.
② 연모 : 취모가 빠지고 이어서 나는 솜털로 사춘기까지 존속, 부드러우며 멜라닌 색소가 적다.
③ 종모 : 사춘기 전후로 검게 자라는 털, 수질이 있고, 굵으며 멜라닌 색소가 풍부하다.

(4) 주기

① 성장기(anagen) : 모근세포의 세포분열 증식에 의해 왕성히 자라는 시기, 사람의 연령이나 건강 상태에 따라 다르나 3~6년
② 퇴행기(catagen) : 성장기가 지나면서 대사과정이 느려져 차츰 모발의 성장도 더뎌지는 시기, 3~4주
③ 휴지기(telogen) : 성장이 멈추어버리는 정지 단계, 모낭이 차츰 쪼그라들면서 모근이 빠지는 시기, 3~5개월

2 영구적 제모

광선, 전기, 화학물질을 이용해 모구의 모유두를 파괴시켜 다시 털이 자라나오는 것을 방지하는 제모 방법이다.

1) 제모 로션

(1) 밀크 타입의 물질

(2) 점점 영구적 제모가 되어가는 제품

2) 전기 제모법

(1) 컴퓨터 전기 파괴기

(2) 몇 번 반복해야 한다.

3) 레이저 요법

털의 멜라닌 색소에만 반응하는 특수한 파장의 빛 에너지를 이용해 모근을 파괴시키는 요법이다.

3 일시적 제모

피부 표면에 나와 있는 털의 모간 또는 일부의 모근을 제거하는 방법으로, 털이 곧 다시 자라게 되므로 정기적으로 제모를 한다.

1) 면도기를 이용한 제모

피부 표면의 높이에서 털을 자르는 방법으로 모간만을 제거하는 제모법이다. 다리, 액화, 얼굴 등의 털을 간단하고 손쉽게 제거할 수 있으나, 면도를 반복할 경우 점점 굵어지고 거세어진다는 단점이 있다.

2) 핀셋을 이용

핀셋을 이용하여 제모를 하였을 경우 모간까지 제거된다. 왁스 제모 후에도 덜 뽑힌 털을 제거하거나 좁은 부위에 난 털을 제거할 때 핀셋을 이용하여 제모한다.

제모 후 털이 다시 자라나 성장하는데 시간이 소요되는 장점이 있으나, 반복하여 지속적으로 시행하였을 경우 피부가 늘어지는 단점이 있다.

3) 화학적 제모

화학적 성분의 크림, 액체, 연고 형태의 제모제를 이용하여 털을 연화시켜 털이 피부 표면 높이에서 제거한다.

화학적 제모의 경우 강한 제모제 성분을 사용하므로 피부에 자극이 될 수 있어 유의하도록 해야 하며, 제모 전 미리 패치테스트를 한 후 시행하도록 한다. 화학적 제모 후에는 진정화장수나 로션, 크림을 사용한다.

4) 왁스를 이용한 제모

왁스를 이용한 제모는 모근으로부터 털이 제거되므로 털이 다시 자라 나오는데 좀 더 많은 시일이 걸린다.

(1) 온왁스

온왁스는 고체 상태의 왁스를 녹여서 왁스 워머기에 녹여서 사용하는 왁스로 굵거나 거센털도 잘 제거가 된다.

피부에 바른 후 면밴드를 부착시켜 한 번에 떼어내면 밴드에 부착되어 제거된다. 왁스를 바른 후 면밴드로 떼어내기까지 시간이 지나치게 지체되면 왁스가 응고되어 털이 잘 제거되지 않는다.

온왁스 실시 전에는 왁스의 온도를 미리 감지한 후 사용해야 하며, 온도가 너무 높으면 화상을 당할 우려가 있으므로 조심해야 한다.

(2) 냉왁스

온왁스처럼 데워서 사용하지 않고 실내 온도에서 유동 상태로 되어 있어 데우지 않고 곧바로 사용할 수 있으나 굵거나 거센 털은 잘 제거되지 않는다.

(3) 제모 방법

① 제모 방법

㉠ 알코올로 제모 부위를 닦는다.

㉡ 털이 길 경우에 수정가위로 1~1.5cm로 잘라준다.

㉢ 파우더를 바른다.

㉣ Warm wax를 털이 난 방향으로 스파츌라를 90도 각도로 들고 제모 부위를 얇게 바른 후 광목천을 피부에 밀착한다.

㉤ 털방향으로 문지른다.

㉥ 뜯어낼 때에는 털이 난 반대방향으로 한 번에 뜯어낸다.

ⓢ 남아 있는 털은 핀셋으로 하나하나 털이 난 방향으로 뽑는다.
ⓞ Wax clenser를 파우더에 묻혀서 탈모 부위를 깨끗이 닦아낸다.
ⓙ 습포로 깨끗이 닦는다.
ⓒ 진정 로션을 바른다.

② 부위별 소프트 왁스 제모 방법

㉠ 코밑 부위의 제모

코밑 부위는 민감한 피부 부위이므로 조심하며, 입술에 왁스가 묻지 않도록 제모한다. 코밑, 즉 윗입술에 있는 털은 입술의 양끝방향으로 두방향, 때로는 더 많은 방향으로 자란다.

한 번에 한쪽 방향의 한 부분에 털이 자라나는 방향으로 스파출라를 사용하여 바른 후 무명이나 기타 헝겊을 왁스 위에 누르고 왁스를 바른 방향과 같은 방향으로 문지른다.

한손으로는 피부를 팽팽하게 잡고 다른 한손으로는 헝겊 끝을 꽉 잡고 헝겊을 털이 나는 반대방향으로 재빨리 잡아당긴다. 전체 부위가 다 될 때까지 왁스시술을 반복한다.

㉡ 눈썹의 제모

정상적인 눈썹선 바깥으로 잔털이 불규칙적으로 나 있는 두꺼운 눈썹을 가지고 있을 때 눈썹 주변의 잔털 위에 왁스를 발라 제모한다. 눈썹 윗부분, 눈두덩이, 눈썹 사이 순으로 진행한다. 왁스 사용 후 눈썹가위와 핀셋을 이용하여 눈썹 형태를 완성한다.

㉢ 다리의 제모

종아리 부분은 무릎 쪽으로부터 발목 방향으로, 대퇴부도 윗부분부터 밑부분으로 각 길이를 이등분 정도 나누어 내려가며 실시한다.

종아리 앞부분(무릎 아랫부분)은 세워놓고 종아리 부분은 엎드리게 한 후 실시한다.

㉣ 팔의 제모

손가락, 손등, 팔의 윗부분으로 시작하여 밑으로 내려오며 시행한다.

㉤ 액와의 제모

▹ 팔을 머리 쪽으로 올리게 한 후 털이 긴 경우에는 약 1cm 정도의 길이가 되도록 자른다.
▹ 털이 자라는 방향을 살핀 후 그 방향대로 왁스를 바르며, 털의 방향이 두 방향이여도 털이 적을 경우에는 한 번에 시행하며, 털이 많을 경우에는 두 번에 걸쳐 제거한다.
▹ 액와의 경우에는 다른 부위의 털보다 거세어 한 번에 제거되지 않거나 제모 시 순간적으로 아프고, 피가 맺힐 수도 있다.
▹ 액와 부위 제모 후에는 파우더를 뿌리고 손으로 문질러 흡수시켜 주어야 액와 부위의 마찰을 줄이고 땀이 나는 것을 방지할 수 있다.
▹ 액와 부위의 털이 여러 방향으로 나 있는 경우에는 3군데 이상의 작은 부분으로 나누어 제거한다.
▹ 각 부분의 털이 자라나는 방향으로 왁스를 바른다.
▹ 털이 대체로 일정한 방향으로 나 있는 경우에는 한꺼번에 바른다.
▹ 왁스를 바른 후 헝겊을 눌러서 대고 털이 자라나는 반대방향으로 잡아 당겨서 재빨리 제거한다.
▹ 잔여 왁스는 왁스를 녹여주는 에몰리엔트 크림을 솜에 묻혀서 피부에 묻은 왁스 잔여물을 닦아준다.
▹ 파우더를 가볍게 발라준다.

4 전신관리

1) 목적 및 효과

(1) 정신적 · 육체적 피로 해소에 도움을 주고 긴장을 완화시킨다.

(2) 전신피부에 영양분을 흡수시켜 피부노화 방지에 도움을 준다.

(3) 혈액순환과 림프순환을 촉진시켜 신체에 쌓인 독소를 배출하고, 영양의 흡수를 용이하게 한다.

2) 전신관리의 단계

(1) 수요법, 전신각질 제거, 전신마사지, 전신랩핑, 마무리 단계로 이루어진다.

(2) 전신마사지의 기본이 되는 마시지는 오일이나 크림 등을 바르고, 5가지 기본 동작을 하는 스웨디시 마사지를 한다.

3) 전신관리의 목적

전신관리는 안면을 제외한 신체의 모든 부위를 대상으로 하며, 미용기기와 수기관리를 적용하여 수술이나 약물 요법 없이 근의 이완과 혈액순환을 통한 전신의 피로 완화와 스트레스 완화 및 부종 관리와 등, 가슴, 배, 팔, 다리 부위를 아름답고 건강하게 유지, 탄력을 증진하는데 목적이 있다.

인체의 기능을 정상적으로 유지시키고 건강하고 아름다운 체형을 만들며, 인체의 결함을 보완한다. 전신관리로 신진대사 균형을 상실하게 하는 원인을 생리적, 물리적, 심리적 방법을 이용하여 치료효과도 얻는다.

4) 전신관리의 효과

(1) 혈액순환 촉진 효과

전신관리는 피부 근육의 혈행을 좋아지게 하는 것과 동시에 피부의 감각수용기를 자극하여 피부의 표재혈관을 반사적으로 확장시키므로, 피하정맥혈을 심장으로 돌려주어 심장의 부담을 가볍게 하고, 전신의 혈액순환을 바꾸어 준다.

피부의 혈행이 좋아지면서 각 조직의 신진대사가 왕성하게 되고, 불필요한 노폐물을 제거하는데 효과가 있다.

(2) 진정 작용

비정상적으로 신경이나 근육의 기능이 항진되어 있을 때 적절한 관리로 그 기능을 진정시키는 작용을 말한다. 그러나 주의해야 할 점은 통증이 있을 때 국부 자극에 대한 감수성이 예민해지므로 자극의 범위와 강도에 충분히 유의해야 한다.

(3) 흥분 작용 효과

기능이 감퇴, 저하된 근육이나 신경에 관리를 실시하여 흥분 작용을 유도하며, 항진 효과를 높여 기능을 회복하게 도와주는 작용을 말한다.

흥분 작용을 행하는 관리는 비교적 약하게 자극을 주는 것이 좋고, 수기로 하는 방법으로는 경찰법(effleurage)과 유연법(petrissage)이 적합하다.

(4) 반사 작용 효과

손상이나 피로한 부위에서 멀리 떨어진 곳과 상응하는 곳을 관리하여 신경, 근육, 내장 등에 간접적인 자극을 가함으로써 기능을 회복시키는 작용을 말한다.

(5) 전신조절 작용 효과

전신관리는 신체의 표면으로부터 리듬감 있는 촉압을 가하여 피부나 근육에 분포하는 신경의 기능을 활성화시켜 신경의 기능을 증진시키거나 진정시키는 역할을 한다. 관리 동작에 따라 편안함과 상쾌함, 근육의 이완 효과를 갖게 되고, 근육이나 피하조직에 자극을 주어 그 부분의 혈행을 좋게 하며, 전신적으로 자율신경이나 내분비선의 작용에도 좋은 영향을 주므로 심신의 균형을 도모하는 효과가 있다.

(6) 내장기능 회복 효과

복부관리의 경우 혈행의 흐름을 좋게 하여 위장 이외의 모든 복부 장기기능 증진에 효과가 있으며, 소화와 흡수를 촉진시켜 준다. 또한 흉부관리의 경우 호흡기, 순환기의 기능을 원활하게 해주는 효과가 있다.

등관리와 허리관리의 경우 그 부위의 근육이 뭉침으로써 오는 결림이나 통증을 제거하고, 반사적으로 호흡기, 순환기 위장기능도 좋아지게 하는 효과가 있다.

5) 전신관리의 단계

(1) 고객 상담

(2) 체형 유형별 진단

(3) 고객 차트 작성

(4) 관리 계획

(5) 관리 실행

(6) 피드백 작성

전신관리 단계는 얼굴관리 단계와 유사하나 차트 작성 시 전신관리에 중점을 두고 작성한다. 고객의 신상과 건강 상태, 병력이나 복용 중인 약물 등을 차트에 기록하여 두고 식습관이나 운동, 전신관리를 받은 경험 등 문진법을 통해 차트를 작성한다

6) 전신관리 시 준비사항

(1) 관리실의 환경

① 관리실의 인테리어는 긴장감을 이완시키고 안정된 분위기를 주는 디자인이어야 한다.

② 조용한 분위기에서 관리가 되어야 한다.

③ 항상 청결하고 환기가 잘 되어야 한다.

④ 조명은 간접적인 부드러운 조명으로 고객의 피로를 풀어줘야 한다.

(2) 고객의 준비

① 가운은 옷걸이에 걸어 옷장에 둔다.

② 작은 액세서리, 안경, 렌즈 등을 확인하여 보관한다.

③ 수도 시설이 갖추어져 있고 냉·온수의 사용이 편리하여야 한다.

④ 방음시설이 잘 되어 있어야 한다.

(3) 관리사의 준비

① 손은 항상 청결함을 유지하며 따뜻하게 하고, 손톱은 짧고 끝을 부드럽게 한다.
② 머리는 단정하게 하여 관리에 지장이 없도록 한다.
③ 관리의 불필요한 액세서리는 착용하지 않는다.
④ 관리사의 가운에는 이물질이 묻지 않아야 하며, 밝은 계통의 깨끗한 복장 상태를 유지한다.
⑤ 관리 전 관리과정에 대해 설명한다.
⑥ 몸에서 불쾌한 냄새가 나지 않도록 항상 유의한다.
⑦ 고객과의 충분한 상담내용을 토대로 유의하여 관리한다.

(4) 용품 및 장비 준비

① 온장고와 냉장고에 충분한 타월을 넣어둔다.
② 미용기기의 작동 여부와 전깃줄의 상태를 확인한다.
③ 관리 시 사용하는 장비들은 자외선 소독기에서 꺼내어 사용한다.

7) 전신관리 시 유의사항

(1) 관리사는 관리 전 손과 손가락 운동을 한다.
(2) 관리 후 노출 부위는 타월로 덮어준다.
(3) 고객의 피부가 반응하는 정도를 살펴보면서 관리한다.
(4) 관리사는 부위에 따라 체중을 적절히 이용한다.

5 선탠관리

선탠은 크게 자연선탠과 인공선탠으로 나뉘며, 각 방법에 따라 올바른 선탠 방법으로 시행하며, 사후관리도 중요하므로 잘 숙지하도록 한다.

갈색으로 그을린 구리빛 피부는 건강하고 섹시미를 주지만, 과도한 자외선의 노출로 인해 피부 노화 현상을 촉진하는 매개체가 되므로, 태양광선의 장점과 자외선이 피부에 미치는 해로운 점을 알고, 올바른 선탠 방법에 대해 학습하여야 한다.

1) 태양광선의 효능

(1) 비타민 D 합성

(2) 살균 작용

(3) 세포 재생 효과

(4) 모든 생물의 근본 에너지원

2) 자외선의 피해

(1) 홍반 증상

자외선 노출로 인해 모세혈관 확장증 및 모세혈관 파열이 발생한다.

(2) 과색소 증상

멜라닌 색소의 증가로 기미, 주근깨, 갈색반점, 노인반점 등의 과색소 피부질환이 발생한다.

(3) 광노화

진피층의 콜라겐 감소로 피부노화가 촉진된다.

(4) 광알레르기

유전적으로나 후천적으로 예민해진 피부에 자외선의 영향으로 인해 손이나 팔 등에 발진 형태로 생긴다.

(5) 피부암

오존층의 파괴로 자외선 중 가장 짧고 강력한 UVC가 오존층에 흡수되지 못하고 피부에 영향을 주게 되어 나타난다.

3) 올바른 선탠 방법

(1) 자연선탠

① 자연선탠 약 1개월 전부터 충분한 바디 보습관리를 한다.

② 자연선택 1주일 전에 바디 필링을 시행한다.

③ 오전 10시~오후 2시 사이는 피한다.

④ 얼굴에는 썬블럭과 메이크업으로 반드시 자외선을 차단한다.

⑤ 선탠 제품은 피부에 수분기가 없는 상태에서 도포한다.

자연선탠 후 관리

① 선탠 후 수분공급 및 진정 효과가 있는 전문 선탠후 관리 제품이나 알로에 성분이 함유된 제품을 사용한다.

② 선탠 후 샤워 시 전용 샤워제품을 사용하여 수분 손실을 예방해야 한다.

③ 지나친 목욕이나 사우나는 건조를 촉진하므로 삼간다.

④ 비타민 C를 복용한다.

(2) 인공태닝

인위적으로 적정량의 자외선을 조사시켜 멜라닌세포의 활동성을 일시적으로 증가시켜 각질층에 색소를 증가시켜 주는 것으로, UVA를 주로 조사하면서 최소량의 UVB를 함유시켜 피부 타입별로 노출 시간을 조절하여 조사한다.

올바른 인공선탠 요령

① 인공선탠 전에 깨끗한 샤워와 클렌징을 실시한다.

② 반드시 선탠제품을 도포 후 실시한다.

③ 눈을 보호하기 위해 UV 보안경을 착용한다.

④ 콘텍트렌즈 착용 고객은 반드시 렌즈를 제거해야 한다.

⑤ 인공선탠 전 의사로부터 치료를 받거나 항생제, 소염제, 항우울증제, 신경안정제, 피임약 등의 약을 복용했을 경우와 향수 등의 사용은 자외선에 민감하게 반응하므로 태닝을 삼가야 한다.

⑥ 인공태닝을 하는 동안 피부가 예기치 않게 예민해지거나 혈관 이상 증상이 일어나는 경우 몸을 차게 하고, 약 3일간 피부 휴식을 취한 후 차후 태닝시간을 줄인다.

(3) 인공선탠 시 시간조절 및 횟수

① 고객의 피부 유형에 따라 1회의 적당한 시간과 태닝 횟수를 결정한다.

② 1년에 20회 이상의 인공선탠은 피부 건조 및 노화를 촉진하므로 20회 이상은 삼간다.

③ 피부 타입에 따라 인공선탠 시간을 조절한다. 대개 동양인 중 백색 피부의 경우 1회 7~10분씩 10회 정도의 인공선탠이 바람직하고, 연한갈색의 경우 처음에는 15~20분까지 하고, 그 후에는 10분씩 늘려가면서 하되 40분을 넘지 않도록 한다.

(4) 인공선탠 후 관리

① 선탠 직후 피부가 자극을 받은 상태이므로 차가운 느낌만 겨우 가신 아주 미지근한 물로 깨끗하게 샤워하도록 한다.

② 진정 효과가 있는 제품을 사용하여 자외선에 의해 건조해진 피부에 충분히 보습한다.

③ 태닝 후 피부에 홍반이 생겼다면 증세가 없어질 때까지 태닝을 하지 않는다.

④ 태닝을 통해 콜라겐 성분이 소실되어 노화의 원인이 될 수 있으므로 항산화제인 비타민 A, C, E가 많이 함유된 신선한 야채 및 과일을 섭취하도록 한다.

Chapter

11

피부미용 기기

1. 피부 기본관리 기기
2. 전신관리 기기

CHAPTER 11

피부미용 기기

1 피부 기본관리 기기

1) 전동 브러쉬(frimator)

(1) 피부관리의 과정에서 가장 효과적인 관리를 위해서는 세안과정이 매우 중요하다.

(2) 청결한 세안과정을 위하여 브러쉬(brush, 솔)가 부착된 전동 브러쉬를 사용하면 물리적 세척 효과가 증진된다.

(3) 안면 피부에 자극이 적은 부드러운 천연모를 재료로 전동기의 회전원리를 이용하여 모공의 피지와 불필요한 각질제거를 위한 세안전용 기기로서, 주로 딥클렌징(deep cleansing) 효과를 나타내는 편리한 기본관리 기기이다.

(4) 기기의 형태는 단독이거나 종합 미용기기의 일부에 부착된 형태로 구성되어 있다.

(5) 여러 가지 모양과 재질로 만들어진 브러쉬는 주로 둥근 모양과 롤러 모양으로 큰 것과 작은 브러쉬, 재질이 털과 석고(스톤) 또는 스펀지(부드러운 것, 딱딱한 것) 등으로 만들어져 용도에 맞게 선택하여 사용한다.

(6) 기기는 베이직 본체와 브러쉬들로 구성되어 본체와 연결된 핸드피스(손잡이)에 용도에 맞는 브러쉬를 선택하여 끼워서 사용한다.
등근솔은 안면용, 롤러솔은 전신용, 노화된 각질제거에 스펀지는 안면용, 석고(스톤) 재질은 발관리용으로 사용된다.

(7) 효과는 피부 표면의 털구멍과 땀구멍 등과 같은 굴곡 부위까지 섬세한 세안 효과와 노화된 불필요한 각질제거가 깨끗한 피부로 가꾸어 주며, 필링 효과도 가져올 수 있으며 마사지 효과도 나타낼 수 있다.

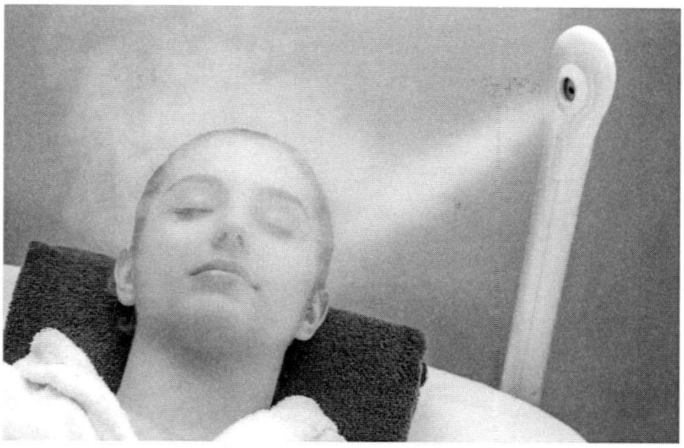

그림 11-1

2) 스티머(증기 분무기 steamer, vaporizer)

(1) 안면 피부관리에 가장 많이 사용되는 기기로서 가열센서가 내장된 물통(주전자)이 부착되어 있어 물통의 물이 센서기에 의해 가열되어 증기만을 혹은 아로마와 함께 증기를 안면에 발생시킴으로써 각화된 각질세포를 연화시켜 노화 각질제거에 도움을 주고 피부이완, 물질침투 효과를 증진시켜 주는 안면 전용 기본관리 기기이다.

(2) 센서기가 내장된 물통의 물이 가열되어 열의 대류 현상에 의하여 고온부에서 저온부로 증기열이 튜브를 통해 이동시켜 안면에 전달되도록 설계된 기기이다.

(3) 증기만을 공급하는 형(베이포라이저)과 오존(O_3)을 함께 공급하는 형(베이포라이존) 두 가지가 있다.

① 약초나 아로마를 함께 사용하는 허브 스티머도 있다.

② 스티머에서 발생하는 오존은 소독 및 살균 효과가 있으나 때로는 호흡기 손상 우려가 있을 수 있으므로 주의해서 사용해야 한다.

(4) 스티머 사용의 효과

① 안면 부위의 온도를 상승시켜 각질연화와 혈관을 확장시켜 순환을 증진한다.

② 근육이완을 유도하고 신경이완과 모공 확장으로 세정 작용을 도와 물질 흡수의 효과를 높여 준다.

③ 신진대사율을 증가시키고 땀샘을 자극하여 발한 유도와 피지선 자극으로 노폐물

배출과 여드름 압출에 도움을 준다.

④ 오존에 의해 박테리아 제거 효과도 있고, 때로는 목감기 증세 완화 효과도 있다.

⑤ 아주 예민하거나 붉은 피부, 매우 건조하거나 상처가 난 피부는 사용을 금지해야 한다.

그림 11-2

3) 분무기(spray, lucas)

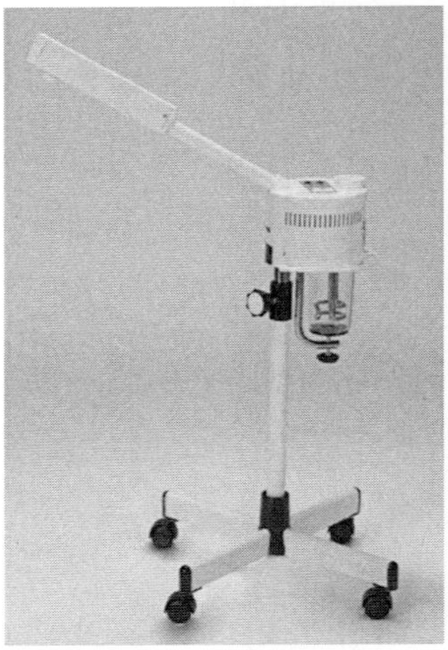

그림 11-3

(1) 냉·온 증류수, 미네랄워터, 스킨로션, 아스트린젠트, 식물 추출물, 허브티 등을 용기에 담아 안면을 향해 안개와 같은 작은 물방울이 자극 없이 분무되는 기기이다.

(2) 주로 진공 흡입기(배큠석션기)나 종합 미용기에 부착되어 있거나 단독으로 제작된 것도 있다.

(3) 전동펌프의 원리를 이용하여 제작된 기기로서 미세한 액체 입자가 부드럽게 분무되어 안면의 자극을 감소시키며, 산뜻한 청량감을 공급해 준다.

(4) 분무기 사용 효과

① 피부 표면을 청결히 세척해 주고, 피부 산성막 재생에 시간을 단축시켜 주며, 특히 탈수나 건조 방지 효과가 있다.

② 압출 후 모공세척 효과, 모세혈관 확장과 예민피부관리에 사용한다. 미세한 모공 속의 보이지 않는 찌꺼기 제거에 도움을 주며, 화장솜에 의한 자극을 덜어주게 된다.

③ 분무 시 신경점들을 자극하여 세포의 신진대사를 활성화시키고 모세혈관의 강화 효과가 있으므로 가벼운 마사지 효과도 있다.

④ 일반적으로 클렌징 후나 여드름 압출 후, 진공 흡입관리 후, 팩이나 마스크 제거 후에 사용한다.

⑤ 탄산가스 압축 스프레이는 CO2 가스를 이용하여 압축시킨 용기 내에 희석한 아스트린젠트를 분무시켜 여드름, 지성피부의 모공 세척과 잔여물 제거에 이용되는데 주로 진공흡입기 사용 후에 이용한다.

4) 갈바닉기(이온도입기, 이온영동기, 아이오노스, 이온토롤러)

(1) 화학적 효과를 나타내는 직류전류를 이용하여 침투가 잘 안되는 이온물질을 피부 안으로 침투시키는 기기이다.

(2) 직류전류(direct current, DC)는 전자의 흐름이 변하지 않고 계속 한 방향으로 흐르며, 전류의 크기도 항상 일정한 전류 형태이다.

(3) 물질이 전류에 의해 피부 속으로 침투되기 위해서는 이온화(ionization)되어 있는 물질을 이용해야 한다.

(4) 디스인크러스테이션(disincrustation)

① 안면박리 또는 노폐물 각질제거라고 하는 딥클렌징 단계이다.

② 음극봉에서 발생되는 알칼리(NaOH, 수산화나트륨)에 의해 피지를 유화시켜 용해하고, 각화된 각질세포 제거와 모공 속의 노폐물 제거에 효과적인 관리 방법이다.

③ 주로 식염수나 세정 앰플을 이용하여 복합성 피부의 T-zone 부위, 지성, 여드름 피부의 과잉피지 제거에 이용된다. 방법은 이온도입(iontophoresis)과 동일하다.

5) 리프팅기

(1) 인체는 세월이 흘러 나이가 들어감에 따라 스트레스, 생활습관의 변화, 환경오염에 의해 피부의 탄력을 잃게 되고, 주름이 형성되는 노화현상이 나타나게 된다. 이러한 현상을 완화시키기 위한 목적으로 제작된 기기가 리프팅기이다.

(2) 리프트(lift)는 '들어 올리다'의 뜻을 갖고 있는 단어에서 인용된 명칭이다.

(3) 탄력이 없어 늘어진 피부 근육을 전기적 자극을 이용하여 근수축의 효과를 나타냄으로써 피부 근육의 탄력 회복에 도움을 주게 된다. 약한 전류로 자극하여 대뇌 효과와 순환 효과 및 수축 효과를 증진시켜 젊고 탱탱한 근육으로 회복시켜 주는 기기이다.

(4) 사용되는 전류와 전극봉의 종류는 매우 다양하다. 전극봉은 핀셋형, 막대형, 롤러형, 고무장갑형, 마스크형, 작은 칩형, 사각이나 원형의 고무형 등 다양한 전극봉을 이용하는 안면 및 전신용 리프팅기가 있다.

(5) 주파수 100,000Hz(100KHz) 이상의 교류전류를 고주파전류(high frequency current, HFC)라고 한다.

(6) 1890년대 프랑스의 달송발(Arsene D'Arsonval)과 미국의 테슬라(Tesla)에 의해 고주파전류의 발생 방법 고안에 의하여 인체의 생리적 효과와 살균 작용의 효과를 이용하는 기기로 발전하게 되었다.

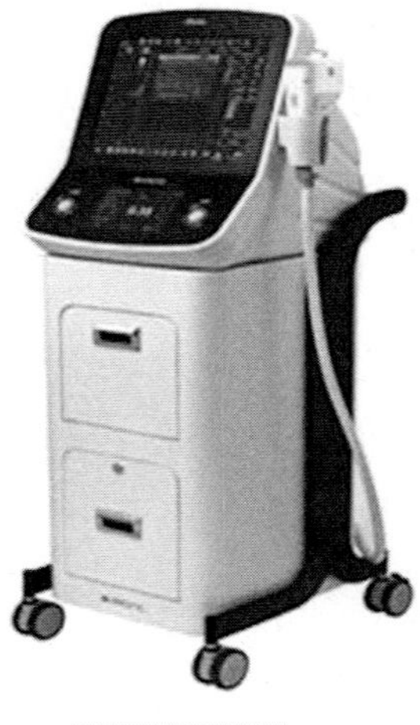

그림 11-4

6) 초음파기

(1) 석영, 수정과 같은 천연 혹은 합성 세라믹 결정(crystal)에 교류전류를 통전하여 결정이 압축과 비압축의 반복으로 기계적인 진동이 일어나 초음파를 발생하는 역압전 효과(reverse piezoelectric effect)의 원리를 이용한 기기이다.

(2) 초음파(ultrasound)는 진동 주파수가 17,000~20,000Hz 이상이다.

(3) 인간의 귀로 들을 수 없는 불가청 진동음파로서 인체 조직과 피부세포 간에 아주 미세한 진동을 일으켜 열과 역학적 에너지를 생산해내는 음향에너지로서 인체의 신진대사를 촉진하여 피부미용적 효과를 나타내는 특징이 있어 피부미용에 많이 이용되고 있다.

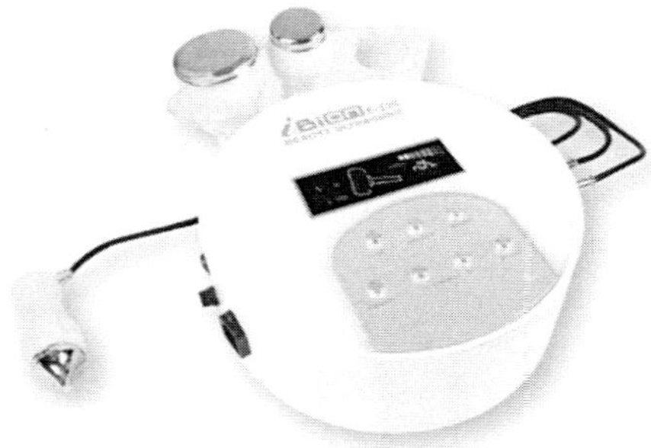

그림 11-5

7) 진공흡입기(배큠석션기, 패터기, 부항기)

피부 표면을 진공 상태로 만들어 세포와 조직에 적절한 압력을 가하여 세포활동을 촉진시켜 대사과정의 개선과 해당 부위의 세포간 · 조직간에 정체된 노폐물을 효과적으로 배설시키는데 도움을 주는 기기로 일명 석션기라고도 한다.

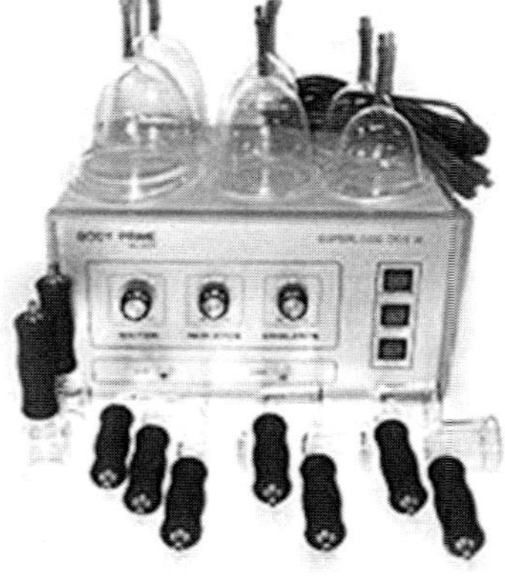

그림 11-6

8) 냉 · 온 마사지기

피부 표면의 온도 변화 자극을 통하여 혈액순환과 신진대사를 촉진시켜 피부의 물질 흡수(thermophoresis)와 탄력을 증진시켜 주는 기기로서, 여드름 압출 후나 메이크업 전 및 피부관리 시에 많이 이용되고 있다.

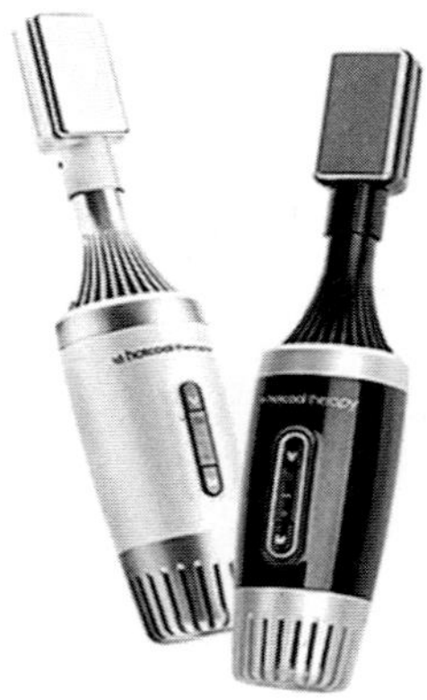

그림 11-7

2 전신관리 기기

1) 엔더몰로지

그림 11-8

최근 셀룰라이트관리에 주로 사용되는 기기로 재활치료용으로 개발되었으나, 비만으로 인한 셀룰라이트(cellulite) 제거와 비만 부위에 부분적으로 감소 효과를 발견하게 되면서 비만으로 인한 피부의 결합조직 내 병변을 치료한다는 의미로 '엔더몰로지'라는 이름이 붙여졌다.

진공펌프에서 나오는 음압이 볼과 롤러를 통해 피부 결합조직에 인위적·물리적 자극(근육의 수축, 이완, 압박, 당김)을 가함으로써 조직이 화학적·구조적으로 변화하여 셀룰라이트와 지방을 효과적으로 파괴하게 된다.

2) 저주파기

(1) 저주파 전류(1~1,000Hz 이하)를 근육에 가하여 근육운동을 유발하여 저장된 피하지방을 에너지로 발생시키는 원리를 이용하는 기기이다.
(2) 파라딕(faradic) 주파의 웨이브를 이용하여 근육의 수축과 이완운동을 통하여 에너지가 발생되는 기기이다.

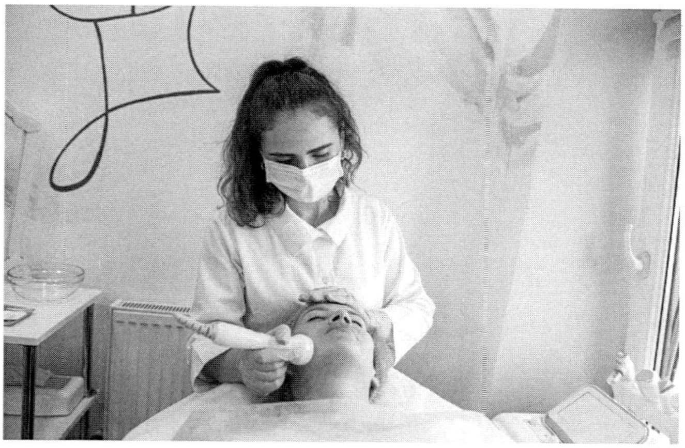

그림 11-9

3) 중주파기

(1) 중주파 전류(1,000~10,000Hz 교류전류)를 이용하는 기기로 4,000Hz와 4,100Hz의 중주파 간섭현상으로, 1~100Hz 사이의 간섭전류를 유발하여 심부조직의 지방층 자극으로 효과적인 분해를 일으켜 체중 감소와 신체부피 감소에 도움을 주는 기기이다.
(2) 기존의 저주파기 실행 시 나타나는 근육수축에 의한 통증을 완화시키면서 순환계 활동 강화로 불필요한 조직액을 감소시키는 원리이다.

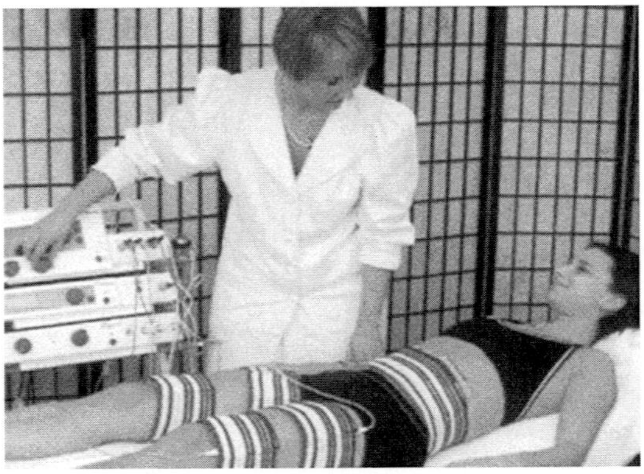

그림 11-10

4) 고주파기

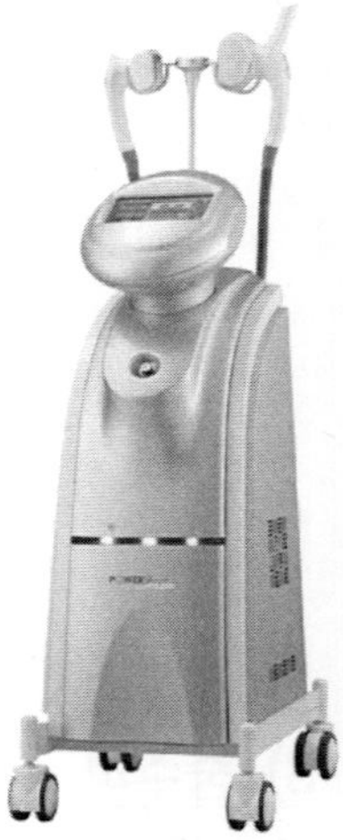

그림 11-11

(1) 100,000Hz 이상의 교류전류인 고주파 전류가 인체 내에 통전되면 조직에서 심부열이 발생한다.

(2) 다른 전류 형태와 달리 감각신경 및 운동신경을 자극하지 않는 고주파전류는 인체 내 불편함이나 근 수축을 일으키지 않으면서 신체조직 안의 특정 부위를 가열하여 모세혈관의 혈류량이 4~5배 증가되어 산소, 영양물질, 항체, 백혈구 등의 공급이 증가된다.

5) 림프 순환기

(1) 1932년 생리학자이자 전문 마사지사인 보 더 박사(Dr. Vodder)에 의해 림프순환 경로와 효과가 밝혀지면서 림프 마사지(lymphatic drainage)는 약 70여년에 걸쳐 의학 분야와 피부미용 분야에서 무한한 가능성을 가지고 다양하게 적용되고 있다.

(2) 순환 촉진으로 체내의 불필요한 노폐물, 독소, 체액 등을 체외로 원활하게 신속히 배출시켜 비만의 근본 원인을 해소시켜 탁월한 효과가 있다.

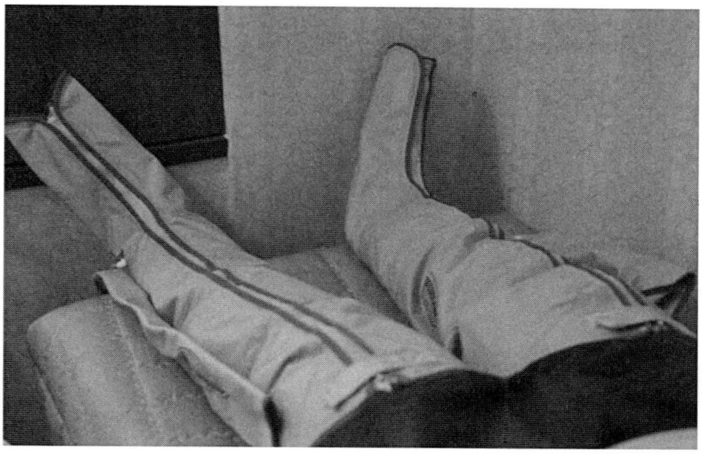

그림 11-12

6) 진동기(vibrator)

(1) 진동기(vibrator)는 방향성 마사지 원리를 이용하는 기기로 원을 그리며 시행하는 마사지 기기이다.

(2) 근육의 긴장과 통증을 완화시켜 주며, 피부 상태를 증진시키는 효과가 있다.

(3) 비만관리 시 지방 분해 촉진으로 단시간에 고객에게 만족감을 주는 기기이다.

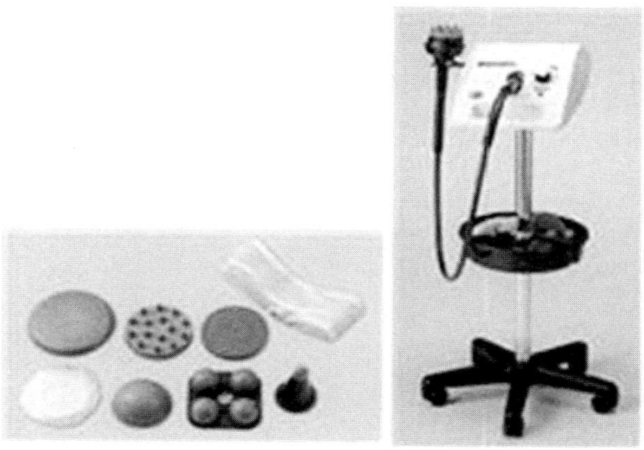

그림 11-13

7) 스파 테라피기

(1) 물의 다양한 물리 · 화학적 성질을 이용하여 신체 내 · 외적으로 적용함으로써 건강 증진과 피부미용적 효과를 나타내는 기기 요법이다.

(2) 욕조 바닥과 양쪽 벽면에서 고압의 공기를 분사시켜 신체 여러 부위 곳곳을 자극하여 지압 효과와 마사지 효과 및 혈액순환 촉진 효과를 나타낸다.

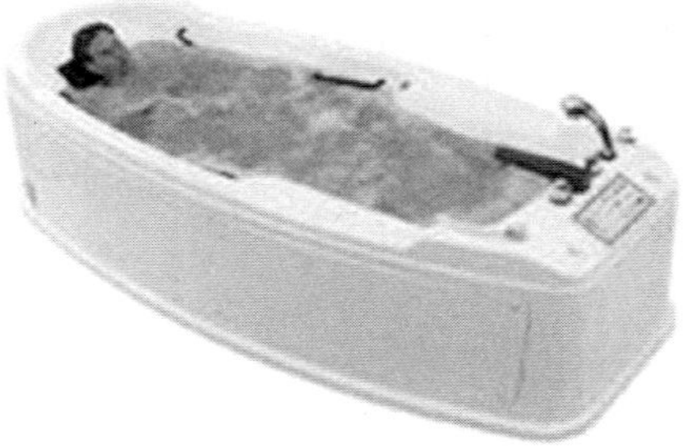

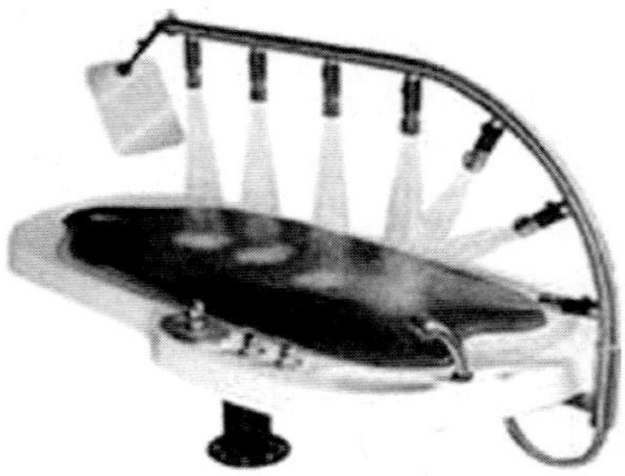

그림 11-14

Chapter

12

해부생리학

1. 세포
2. 조직
3. 기관
4. 계통

CHAPTER 12

해부생리학

1 세포(cell)

세포는 원시적인 생명체(바이러스)를 제외한 살아 있는 모든 생물의 기초 단위이다. 세포를 구성하는 생명력이 있는 물질을 총칭하여 원형질이라고 한다.

세포의 주요 기능은 신체를 구성하는 조직과 기관을 생성하기 위한 단백질을 합성하고, 진핵세포(핵을 보유, 고등한 단세포생물, 모든 다세포 생물의 세포)와 원핵세포(핵을 미보유)로 구분한다.

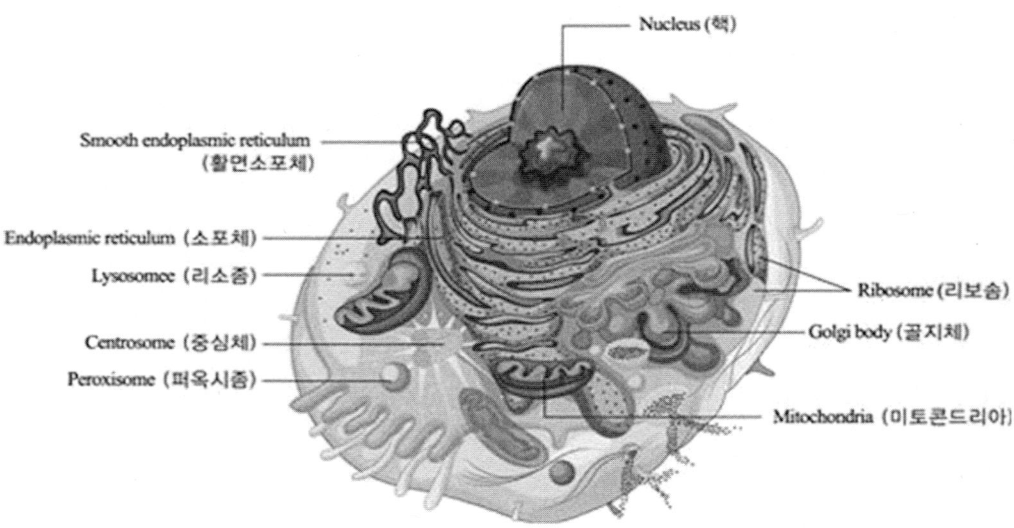

그림 12-1 세포의 구조

1) 세포의 구조

세포는 세포핵(cell nucleus)과 세포질(cytoplasm), 세포막(cell membrane)으로 이루어져 있다.

(1) 핵

① 세포의 발생과 기능을 조절하며 세포의 중심부에 위치한다.

② 세포의 대사 작용과 생식에 중요한 부분으로 핵막에 의해 둘러싸여 있다.

③ 핵은 적혈구와 혈소판을 제외한 모든 세포 내에 존재한다.

④ 핵의 주요 기능

㉠ 조절센터기능 : 세포의 대사 또는 증식 등에 관여하여 세포가 분열할 때 주도적인 역할을 한다.

㉡ 정보센터기능 : DNA 보유 유전인자의 정보센터기능

(2) 세포질

세포핵 주위를 둘러싸고 있으며 여러 소기관과 포함둘(사이토솔)을 함유하여 물질의 대사기능을 수행한다. 세포막과 핵 사이를 채우고 있는 세포기질로서 세포질은 핵을 제외한 여러 가지 유형 성분인 세포소기관과 그 사이를 채우는 무성성분인 세포 포함물로 이루어져 있다.

세포질은 세포막과 핵 사이의 세포기질로서, 물 75~80%, 전해질 10%, 단백질 10~20%, 지질 2~3%, 탄수화물 1% 등이 포함되어 있다. 지질, RNA도 함유하고 있으며, 세포 성장, 번식, 자기복제에 필요한 영양을 포함하고 있다.

① 미토콘드리아

㉠ 콘드리오솜 또는 사립체라고도 한다.

㉡ 막대 모양 또는 실 모양을 하고 있다.

㉢ 호흡에 관여하는 각종 효소를 가지고 있다.

㉣ 표면은 두 겹의 막으로 되어있고, 안쪽의 막은 내부로 돌출하여 내판을 형성한다.

② 형질내세망(리보솜과 소포체)

㉠ 세포질에 분포한다.

㉡ 주요한 기능은 리보솜에 의한 단백질 합성이다.

㉢ 합성된 단백질은 직접 소포체의 내강(內腔) 안으로 들어가 농축 · 저장되거나 운반되어 골지체로 가서 분비 단백질이 된다.

③ 골지체

㉠ 골지체의 주요 기능은 분비 작용이다.

㉡ 선세포의 소포체에서 합성된 분비 단백질이 골지체로 운반되고, 그곳에서 농축되면 분비과립이 되어 세포 밖으로 분비된다.

㉢ 당단백질 · 점액 및 당류의 합성에도 관여하고 지방을 흡수하는 기능이 있다.

㉣ 골지체는 주로 막구조로 되어 있기 때문에 인지질과 단백질 성분이 많으며, 알칼리성 포스파타아제 비타민 C, 카로틴 등을 함유한다.

④ 리소좀

㉠ 한 겹의 막으로 싸여 있는 공 모양의 소체이며, 대개 미토콘드리아보다 약간 작다.

㉡ 가수분해효소를 함유한 작은 과립을 많이 가지고 있으며, 세균 등의 이물질을 소화하는 역할을 한다.

㉢ 이 효소의 작용으로 당원질은 포도당으로, 단백질은 아미노산, 지질은 지방산과 글리세롤로 분해시켜 세포대사에 이용을 촉진시킨다.

(3) 세포막

① 세포의 표면을 기계적으로 싸고 있을 뿐만 아니라 내부와 외계 사이에서 물질 이동이나 막 전압 발생 등에도 중요한 역할을 한다.

② 세포가 환경과 교환해야 할 시기에는 선택적 투과를 하게 된다.

③ 세포신호전달에도 관여한다.

2 조직

조직(tissue)이란 같은 형태의 세포들이 특수한 목적을 위하여 모인 집단을 말한다. 인체를 이루고 있는 조직은 상피조직, 결합조직, 근육조직, 신경조직으로 분류한다.

1) 상피조직

피부, 점막, 심장 내층면, 소화기관, 호흡기관과 내분비선 등 신체 표면을 보호하는 외피이다. 상피조직의 기능은 방어, 분비, 흡수, 감각감수, 생식세포 등 다양하다.

(1) 모양과 배열에 따른 분류

① **편평상피** : 비늘 같은 모양인 두께가 얇고 표면이 넓으며, 핵이 원반형인 편평세포의 집단으로 배열에 따라 단층편평상피와 중층편평상피로 구분한다.

㉠ 단층편평상피 : 흉막, 심막 및 복막의 표면, 폐포, 신장의 사구체낭 등에서 볼 수 있다.

㉡ 중층편평상피 : 마찰이 있는 피부 부위, 구강, 식도, 항문, 질 등에서 볼 수 있다.

② **입방상피** : 난소의 표면, 갑상선 소포와 같은 각종 선으로 육각형 혹은 장방형으로 보이는 입방세포의 집단이다.

③ **원주상피** : 비교적 길이가 길고 흡수 작용을 하는 소화관 등의 점막에서 발견된다.

④ **섬모상피** : 원주상피의 변형으로 호흡기도, 난관, 정관에서 발견된다.

⑤ **이행상피** : 상태에 따라 세포 모양이 변하는 상피로 수축과 확장이 심한 요로인 신배, 신우, 요관, 방광 등의 내면을 형성한다.

(2) 기능에 따른 분류

① **표면상피** : 신체의 표면과 신체 내강의 내면을 싸고 있는 세포성 막으로, 보호, 흡수 및 분비 등의 기능을 한다.

② **감각상피** : 특수 감각기에 존재하며, 망막의 원뿔세포나 막대세포, 내이의 유모세포 등이 이에 속한다.

③ <u>종상피</u> : 고환과 난소에서 정자와 난자를 생산하는 세포이다.
④ <u>선상피</u> : 분비 작용에 알맞도록 특수화된 세포나 세포의 집단을 선(샘)이라고 한다.
   ㉠ 외분비선 : 관을 통하여 배설하는 타액선, 피지선, 소화선 등이 있다.
   ㉡ 내분비선 : 독자적인 관을 갖지 않고 분비물을 직접 혈관이나 간질액 내로 배출하고, 갑상선, 뇌하수체 및 부신수질, 부신피질 등이 있다.

(3) 기저막

상피와 결합조직을 강하게 연결시키고 물질의 분자나 이온의 확산을 조절하는 확산 관문 역할을 한다.

2) 결합조직

① 결합조직은 인체에 가장 널리 분포되어 있는 조직으로 신체의 다른 조직과 기관 사이 및 내외의 빈 곳을 채우며 이들을 연결하고 보호한다.
② 지지조직과 액상조직으로 분류하는데, 지지조직에는 골, 연골, 인대, 건 등이 있고, 액상조직에는 혈액과 림프 등이 있다.

(1) 구성섬유

① <u>교원섬유</u> : 모든 결합조직에 가장 많이 존재하는 섬유이다.
   ㉠ 주성분은 교원질이라는 단백질이고, 희게 보이기 때문에 백섬유라고도 한다.
   ㉡ 뼈, 건, 인대, 피막
② <u>탄력섬유</u> : 본래 섬유 길이의 1.5배 늘어나는 탄성을 지녔고, 노랗게 보이기 때문에 황섬유라고도 한다.
   ㉠ 동맥, 탄력연골, 탄력인대 등에 많이 함유되어 있다.
   ㉡ 세망섬유 : 복잡하게 얽힌 망상구조를 형성한다.
   ㉢ 골수, 비장, 림프조직 등에 많이 함유되어 있다.

(2) 구성세포

① 섬유모세포 : 결합조직의 섬유 성분을 생산하고 창상이나 염증 부위에서 섬유물질을 생산하여 반흔조직을 형성한다.

② 미분화간엽세포 : 섬유모세포와 비슷한 모양이나 조금 작으며, 성인의 결합조직에서는 모세혈관 주위에만 있고, 어떤 자극을 받을 때 다른 결합 조직세포로 분화해 나간다. 태아조직에서는 광범위하게 나타난다.

③ 대식세포 : 강력한 식작용으로 신체 방어와 조직의 청소부 역할을 한다.

④ 지방세포 : 지방을 합성하고 저장하는 세포이다.

⑤ 비만세포 : 세포질 내에 많은 과립이 차 있으며, 아메바운동, 헤파린과 히스타민, 세로토닌 등을 분비한다.

⑥ 형질세포 : 항체를 생산하며 만성염증이 있는 경우나 림프조직에서 많이 나타난다.

⑦ 색소세포 : 많은 세포질돌기를 갖고 있는 별 모양의 세포로 흑갈색의 색소인 멜라닌을 함유하고 있으며, 멜라닌세포와 방출된 색소를 저장하는 색소보유 세포이다.

3) 근육조직

근육조직은 가늘고 긴 근세포로 이루어지며, 수축성 · 신장성 · 신축성 · 흥분성 등의 특징을 갖고 있다.

(1) 인체의 근조직은 구조와 기능에 의해 분류

① 내장의 운동 및 혈관벽을 형성하는 평활근(일명, 내장근육)

② 골격계와 더불어 체중을 지탱하고, 운동에 관여하는 골격근(뼈대근육)

③ 심장벽을 형성하는 심근(심장근육)으로 구별

4) 신경조직

① 신경조직은 신체의 내외에 가해지는 자극을 받아 몸의 일정한 곳으로 전달하는 조직이다.

② 신경조직의 형태적, 기능적 최소 단위를 뉴런(신경원)이라 하며, 세포체와 돌기로

구성되어 있다.

③ 신경세포와 버팀세포로 구분된다.

(1) 신경세포

① 신경세포는 이온 통로, 이온 펌프 등을 이용하여 나트륨, 칼륨, 칼슘, 염소이온들을 세포막 안과 밖의 농도차를 만들어 막전위를 형성하며. 이로 인해 신호를 전달한다.

② 신경세포는 시냅스라 부르는 접합부를 통해서 다른 세포와 접촉하고 있으며, 손발에 뻗은 말초신경의 기다란 조직은 신경세포에서 나온 가느다란 축색이 몇 천, 몇 만이 모인 것이다.

③ 대뇌와 소뇌에서는 많은 종류의 신경세포가 무수히 돌기를 내놓아 시냅스를 형성하고 있다.

3 기관

기관은 조직이 모여 어떤 특정 기능을 수행할 수 있는 구조이다. 2가지 혹은 그 이상의 조직으로 구성되어 종합적인 단위로서의 기능을 갖는다. 인체에는 대표적으로 피부계 · 골격계 · 근육계 · 신경계 · 내분비계(호르몬계) · 소화계 · 호흡계 · 순환계 · 배설계 · 생식계 등 10가지 기관계가 있다.

1) 내분비기관

인체 내부기관의 내분비 상태는 피부에 미치는 영향이 지대하여 내부적인 장애와 불균형 현상은 피부에 반영될 수 있다.

피부미용적 문제 증상 또는 의학적 피부질환의 치료를 위해 이에 관련된 기본적인 지식을 알아야 하며, 계속되는 문제 증상의 재발을 예방하기 위하여 관련된 상담이 병행되어야만 성공적인 피부관리와 피부문제 증상의 예방이 가능하다.

(1) 부신피질

① 부신에서 생성되는 부신피질호르몬은 스트레스에 저항하여 체력을 보호하고, 피부병, 습진, 소양증의 염증을 억제시키며, 체액의 무기질 균형 조절에 도움을 준다.

② 스트레스를 차단하며 멜라닌 색소를 조절한다.

③ 성호르몬을 분비하며 모세혈관과 점막을 튼튼하게 하여 면역 능력을 강화시킨다.

④ 부신피질호르몬의 부족 시 신경과민, 체력 · 정신력의 저하, 쉽게 피로를 느끼고 회복이 느리며, 신진대사의 저하로 부종이 일어나 비만으로 이어질 수 있다.
피부 저항력의 저하, 알레르기, 접촉성 피부염 증상이 일어날 수 있으며, 건조하고 예민해진 피부 부위에 색소침착이 일어날 수 있다.

⑤ 부신피질호르몬의 분비 과다로 인해 여성은 신체의 털 성장이 촉진될 수 있으며, 과민 피부반응으로 인한 모세혈관 확장증 및 피부파괴 증상이 발생될 수 있다.

(2) 갑상선

① 갑상선에서 분비되는 갑상선호르몬의 부족 시 피부가 건조해지고 부풀어 올라 창백하고 노란색을 띠게 되며, 피지선, 모근, 혈관 발달의 저조로 피부가 위축되어 조로현상을 나타낸다.

② 머릿결도 건조해지고 윤기가 없어진다.
반대로 갑상선호르몬의 과다 시에는 혈색이 좋게 보이고, 피부가 얇고 땀의 증가로 피부가 부드러우며, 촉촉하여 오히려 피부과민 증상이 발생될 수 있으나 피부 재흡수율은 높아진다.

(3) 뇌

뇌에서 분비되는 뇌하수체호르몬은 신체 각 기관에 영향을 주어 성장, 재생과정, 신진대사, 혈관과 근육조직의 긴장 및 전체 호르몬 기능을 주관한다.

2) 배설기관

배설은 신장, 간장, 피부, 장, 폐를 포함하며 노폐물을 제거함으로써 신체를 정화시키는 것이다. 신체세포의 신진대사과정 중에서 배설되지 않고 그대로 갖고 있으면 신체에 독이

되는 물질을 만들어 낸다.

(1) 신장(kidney)

주요 기능은 소변을 통해 체내의 노폐물을 배설하는 것이며, 다음과 같은 역할을 수행한다.

① 체내의 노폐물 제거
② 체내 수분 및 전해질량과 삼투압 농도 조절
③ 산 - 염기 평형에 기여
④ 체액의 항상성 유지

뇨의 형성

㉠ 신장기능이 원활하게 이뤄지지 못하면 피부에 이상증상이 생기는데, 표피세포가 부풀어 오르는 일종의 구진형 피부 발진이 나타날 수 있다. 자극물질에 대한 민감도가 근본적으로 고조되어 과민반응, 알레르기 성향이 증가되어 흔히 주기적으로 가려움증이 나타나는 것을 볼 수 있다.
㉡ 나이든 사람들에게서는 신장기능의 저하로 지루성 피부 성향과 여드름 성향 피부현상이 나타날 수 있으며, 반대로 피부가 건조해져 각질화현상이 나타나기도 한다.
㉢ 신진대사 장애가 생겨나 눈꺼풀과 눈밑 부위가 부풀어 오르는 부종현상이 나타난다.

(2) 간

① 주요 기능은 담즙색소를 배출하는 것이며, 인체의 신진대사에 중요 역할을 수행하므로 피부와 밀접한 관련성이 있다.
② 세부 기능으로는 물과 무기질의 조절, 호르몬 균형의 유지, 비타민의 생성, 저장과 파괴, 체내 해독, 혈색소의 교환과 배설, 알레르기 반응으로의 결정적인 관여를 한다.
③ 간조직의 기능에 이상이 생기면 혈액 내의 에스트로겐호르몬 농도가 정상보다 높아져 안드로겐호르몬의 비율이 균형을 잃게 된다. 혈액순환에 변화가 일어나며, 남성의 경우 유방이 확대되기도 한다.

(3) 피부

땀을 통한 체내 노폐물 배출기능을 하고 있다.

(4) 대장

① 소장에서 소화된 음식물의 영양 성분을 흡수하고, 나머지 물질 중 수분과 전해질을 흡수한 후 나머지 찌꺼기를 배설시키는 기능을 하고 있다.

② 지루성 피부 유형의 경우 변비 등의 대장장애 시에 장의 연동운동 약화로 중독성 피부병, 여드름 형태의 발진이 나타난다.

(5) 폐

호흡활동을 통해 이산화탄소의 배출을 하고 있다.

3) 소화기관

(1) 소화기관은 음식물을 세포가 이용하기에 알맞게 가수분해시켜 전신에 영양을 조달해준다.

(2) 소화기관과 부속기관으로 구성되어 있으며, 효소를 분비해서 음식을 소화시킨다.

(3) 소화관은 입에서 항문까지 약 8~9m 정도의 길이의 관이며, 부속선으로는 타액선, 간, 담낭, 췌장을 포함하고 있다.

(4) 음식 → 입(작은 입자로 부서지고, 타액선에서 분비되는 침과 음식이 섞임) → 식도 → 위(죽 상태로 소화)

(5) 위에서 70%의 소화 상태로 소장으로 운반되어 소장에서 최종 소화·흡수된다(간에서 담즙, 췌장에서는 효소를 분비하여 소화를 돕게 되며, 소화되지 않은 음식물과 노폐물은 대장으로 이동하여 각 비뇨기계의 역할로 체외로 배출된다).

(6) 소화기관의 정상적인 기능은 피부에도 중요한 관계가 있다.

① 피부는 혈류에 의해 영양을 공급받으며 균형이 잘 잡힌 식사는 피부를 건강하고 탄력있고 매력적으로 유지시키는데 필요로 하는 영양분을 공급해준다.

② 신체는 피부가 건조해지는 것을 막기 위해 충분한 양의 용액과 물을 필요로 한다.

③ 지나친 흡연과 알코올의 섭취는 소화기에 문제를 일으키며, 피부에도 영향을 미친다.

(7) 식사에서 오는 알레르기는 장 손상(소장 손상)을 가져오며, 이에 따른 피부의 민감화로 알레르기 반응성 소수포, 수포가 발생할 수 있고, 화농현상도 일어날 수 있다.

(8) 위장이나 소장에 장애가 생기면 조직 내의 격심한 액체 손실 현상이 나타남으로써, 피부가 지나치게 건조되어 각질이 일어나며, 조직의 조기 노화현상이 일어날 수 있다.

(9) 위염 증상이 발병되면 얼굴 부위에 모세혈관 확장이 될 수 있으며, 심하면 주사가 발생할 수도 있다.

(10) 위산과다 증상의 경우 소수포가 발생되며 오랜 기간 지속된다. 위산 부족의 경우에는 알레르기가 발생되기도 하며, 그 결과 입 주변에 국부적인 과색소 침착이 나타날 수 있다.

4) 생식기관

(1) 여성 생식기의 기능은 난자를 생산함은 물론 남성의 정자를 받아들여 수정시킨 다음, 수정란을 자궁 내에 착상시켜 배아 및 태아로 발육시키며 최종적으로 태아를 분만한다.

(2) 남성의 테스토스테론(testosterone)과 여성의 에스트로겐(estrogen), 즉 성호르몬이 피부기능에 영향을 주게 된다.

(3) 여성의 경우 에스트로겐의 분비가 정상적으로 원활해야 여성다운 피부와 체형을 유지할 수 있으며, 유전적 요인, 스트레스 등으로 인해 테스토스테론(testosterone) 분비량이 과대해지면 지성피부나 여드름피부로 되기 쉽다.

4 계통

1) 골격계

골격계는 관절로 연결되어 있으며, 인대, 연골, 관절, 뼈로 구성되어 있다.

(1) 뼈(골)의 형태 및 발생

① 골격(성인) 총 206개 : 개골 23개, 늑골 24개, 척주 26개, 상지골 64개, 하지골 62개, 이소골 6개

② 체중의 15% 차지(뼈, 연골, 인대, 관절)

③ 체간골격과 체지골격으로 나누어진다.

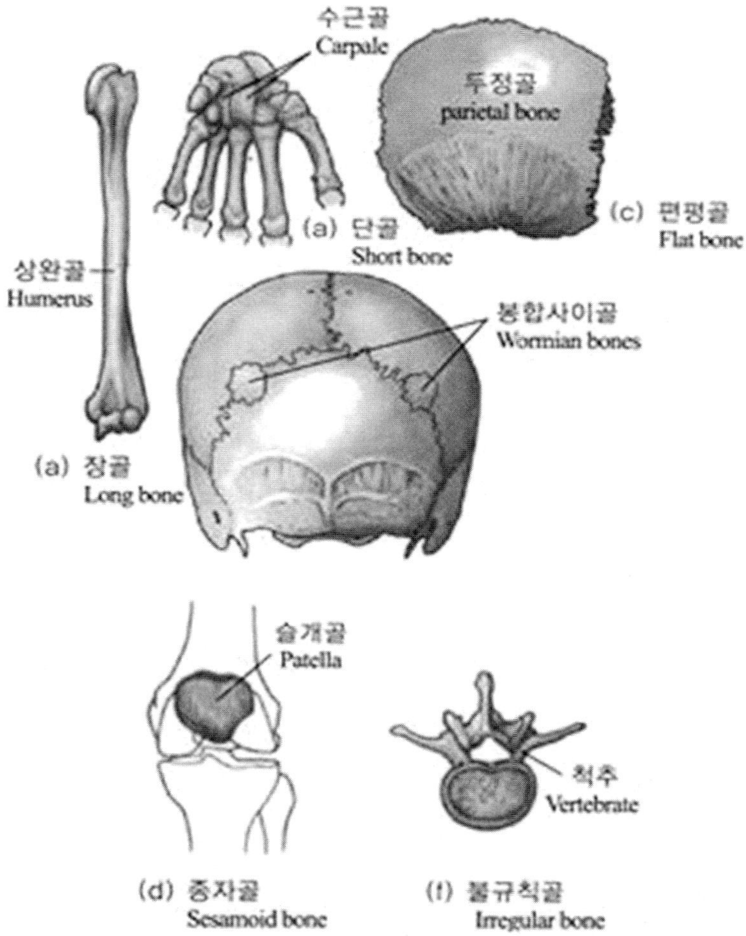

그림 12-2

(2) 뼈의 기능

① <u>지지 작용</u> : 체중을 지지한다.

② <u>운동 작용</u> : 근육의 도움을 받아 인체를 움직인다.

③ <u>저장 작용</u> : 인, 칼슘 등의 많은 무기질을 저장한다.

④ <u>보호 작용</u> : 내장기관을 보호하고 지지한다.

⑤ 조혈 작용 : 적색골수에서 혈액세포를 생산한다.

(3) 뼈의 종류

① 장골 : 너비보다 길이가 긴뼈(대퇴골, 상완골), 골수강을 형성하여 관상골이라고도 한다.

② 단골 : 짧고 골수강 없는 뼈, 손목, 발목(수근골, 족근골), 내외면이 치밀골로 형성되어 있다.

③ 편평골 : 납작뼈(늑골, 두개골, 흉골), 골수강이 없으며, 내외면이 치밀골로 되어 있고 해면골이 발달, 적골수가 존재한다.

④ 불규칙골 : 모양이 다양하며 일정치 않은 복합뼈(추골, 관골)이다.

⑤ 함기골 : 뼈 속에 공기를 형성하고 있는 뼈(전두골, 상악골, 사골, 접형골, 측두골)이다.

⑥ 봉합골 : 두개골 사이에 존재하는 뼈(봉합사이골)이다.

⑦ 종자골 : 건과 뼈가 마주치는 곳에서 건을 보강하고 식물 종자 모양의 작은 뼈(슬개골)이다.

(4) 체간골격(중축성 골격)

뇌두개골, 안면골, 척주, 설골, 이소골, 흉곽(흉골, 늑골)으로 구성된다.

① 뇌두개골(뇌를 감싸고 보호하는 뼈 6종 8개)

㉠ 전두골, 이마뼈 : 이마를 이루고 있고 눈의 윗부분을 둘러싼 이마 형성뼈이다.

㉡ 측두골, 관자뼈 : 귀 가까운 머리의 양쪽에 위치, 옆면 좌우 한 쌍이다.

㉢ 후두골, 뒤통수뼈 : 두개골 뒤쪽 아래(뒤통수)에 있는 마름모꼴뼈이다.

㉣ 두정골, 마루뼈 : 두개골 윗면에 정수리를 구성하는 머리 위 형성뼈이며, 편평골로 한 쌍을 이룬다.

㉤ 사골, 벌집뼈 : 안구와 콧구멍의 형태를 이루는 부분으로 비강을 지지하는 중요한 뼈로 안구 주위뼈이다.

㉥ 접형골, 나비뼈 : 두개골의 중앙부에 위치한 나비 모양의 뼈, 두개골의 모든 뼈를 결합시킨다.

② 안면골(얼굴을 구성하는 뼈 8종 14개)

㉠ 비골, 코뼈 : 상악골의 전두돌기 사이에 위치한 코 형성뼈로 두 개의 비골은 콧대를 구성한다.

㉡ 누골, 눈물뼈 : 두 개의 누골은 안구의 안쪽벽 앞쪽에 위치, 눈물샘을 이룬 작고 부서지기 쉬운 뼈이다.

㉢ 관골, 광대뼈 : 안와 가쪽 벽과 얼굴의 광대 부위를 형성하는 뼈로 좌우 한 쌍이다.

㉣ 상악골, 위턱뼈 : 위턱 전체의 형태를 연결시키며, 앞쪽은 입의 뿌리이고, 측면벽은 비강벽과 안와강의 바닥을 이루며 좌우 한 쌍으로 2개의 뼈이다.

㉤ 하악골, 아래턱뼈 : 아래턱을 이루는 뼈로 얼굴 중 가장 크고 가장 강한 뼈이다.

㉥ 구개골, 입천장뼈 : 좌우 한 쌍으로 입천장 뒤쪽과 비강의 바닥을 구성한다.

㉦ 하비갑개, 아래코선반 : 비강의 바깥쪽을 형성하는 한 쌍의 뼈이다.

㉧ 서골, 보습뼈 : 정중시상면에 존재하는 단 하나의 뼈, 사각형의 얇은 형태로 코 중격의 뒤 아래 부분을 형성한다.

③ 귀뼈 : 이소골이라는 3개의 침골, 등골, 추골로 이루어져 있다.

④ 목뼈

㉠ 설골 : 목의 상부에 위치한 U자형의 뼈로 연하 작용에 관여한다.

㉡ 경추 : 목 부위에 위치한 척추의 윗부분이다.

⑤ 등뼈(척추)

㉠ 등 몸통의 뒤쪽에서 몸을 지지하는 기둥으로 척주(척추)라 한다.

㉡ 척주는 위로부터 목뼈, 등뼈, 허리뼈, 엉치뼈, 꼬리뼈로 구성된다.

㉢ 성인의 경우 경추 7개, 흉추 12개, 요추 5개, 천골 1개, 미골 1개 총 26개의 뼈로 되어 있다.

㉣ 등뼈는 앞뒤로 완만한 곡선을 유지하여 몸통에 유연성을 제공한다.

㉤ 상체 무게를 잘 지탱하게 해주고 외부의 충격을 흡수하고, 뇌에 대한 충격을 완화시켜 주는 역할을 한다.

⑥ 가슴뼈(흉곽)

㉠ 흉부(흉곽)는 흉골, 척추, 늑골 그리고 접합 연골로 구성된 탄력 있는 뼈이다.

㉡ 심장과 폐, 그 외 미세한 체내기관을 보호하는 방어물 역할을 한다.

㉢ 가슴의 골격은 한쪽에 12개씩 24개의 늑골에 의해 위치를 고정시키고 있다.

(5) 체지골격(견갑대, 상지, 골반대, 하지)

① 어깨(견갑대)

㉠ 어깨 양쪽 쇄골과 견갑골로 구성되어 있고 유연성이 매우 크다.

㉡ 쇄골(깃골) : S자 모양의 긴 막대기 형태로 흉골과 견갑골을 연결시키며, 약해서 부러지기 쉽다.

㉢ 견갑골 : 날개뼈라고 하며, 흉곽 뒤쪽에 위치하며, 팔과 가슴 근육이 부착하는 장소가 된다.

② 팔뼈(상지)

㉠ 상완골 : 팔 윗부분에서 가장 큰 뼈이며 팔의 회전을 가능하게 한다.

㉡ 척골 : 앞팔에 있는 두 뼈 중 새끼손가락 쪽 뼈이다.

㉢ 요골 : 앞팔에 있는 두 뼈 중 엄지 쪽에 있는 뼈이다.

③ **손뼈** : 손목, 손가락, 손바닥으로 구성된다.

㉠ 수근골(손목뼈) : 8개의 작고 불규칙한 뼈로 구성되어 있으며, 유연성이 있는 관절로 인대에 의해 연결되어 있다.

㉡ 중수골(손허리뼈) : 손바닥은 5개의 길고 가느다란 뼈로 구성되어 있다.

㉢ 지골(손가락뼈) : 한 손 14개의 뼈로, 엄지손가락에 2개, 엄지손가락을 제외한 각 손가락에 3개의 지골로 구성되어 있다. 족지골도 한 발에 14개의 뼈로 구성되어 있다.

④ **관골(골반뼈)** : 좌우 쌍을 이루는 하나의 뼈로 고관절뼈라고도 하며, 장골, 좌골, 치골 3개로 구성되어 있다.

㉠ 장골 : 골반뼈 중 가장 크며 엉덩이에서 느껴지는 뼈이다.

㉡ 좌골 : 앉았을 때 체중을 유지하는 뼈로 골반의 가장 아랫부분에 위치한다.

㉢ 치골 : 서혜인대의 부착점으로 골반의 앞쪽에 위치하며 2개이다.

⑤ 다리뼈(하지골)

㉠ 대퇴골 : 허벅지뼈로 인체에서 가장 강하고 긴뼈이다.

㉡ 슬개골 : 무릎 위를 지나가는 건 내에 위치한 종자골로 삼각형의 편평골이다.

㉢ 경골 : 대퇴골과 관절을 이루어 무릎을 형성하며 정강이뼈라 한다.

㉣ 비골 : 가느다란 하퇴의 외측뼈로 외측 족관절뼈와 연접한다.

⑥ 발뼈(족근골)

㉠ 거골(목말뼈) : 발목과 가장 가까이 있으며 경골, 비골과 관절을 이룬다.

㉡ 종골(발뒤꿈치뼈) : 대부분의 부위가 인체의 체중을 지지한다.

㉢ 중족골(발허리뼈) : 안쪽에 있는 5개의 뼈로 구성되어 있다.

㉣ 지골(발가락뼈) : 발가락뼈로 14개의 뼈마디로 구성되어 있다.

2) 근육계

근육은 골격을 감싸주며 피부를 지탱해준다. 근육은 종류와 작용에 따라 신체의 움직임도 다양하게 변화하는 수축 섬유조직으로 신체의 모든 움직임을 만들어낸다.

근육계는 620개의 크고 작은 근육이 있으며, 체중의 40~50%의 무게를 형성한다. 평활근, 골격근, 심근으로 나누어진다.

(1) 근육의 종류

① 수의근

㉠ 의지에 의해 마음대로 움직일 수 있는 근육을 말한다.

㉡ 근섬유는 가로무늬근이고, 예외적으로 심장근은 가로무늬가 있어도 수의근이 아니다.

② 불수의근

㉠ 자신의 의지에 관계없이 그 기능을 발휘하는 비수의근이다.

㉡ 위장과 같은 내장 등이 속하여 내장근이라 하며, 무늬가 없는 민무늬근이다.

㉢ 호르몬이나 신경조절에 따라 움직이고 수의근에 비해 운동속도가 늦다.

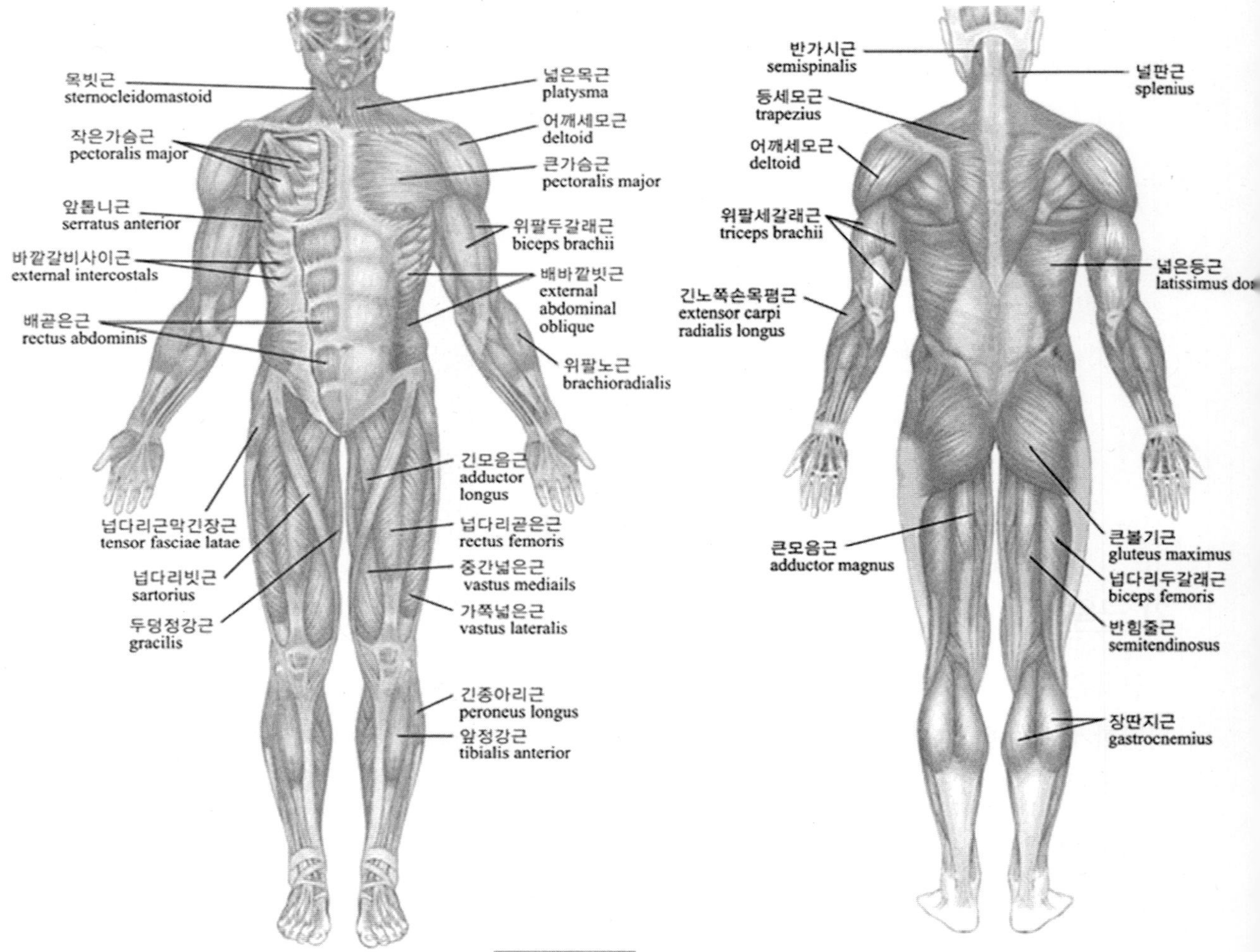

그림 12-3 인체의 근육

(2) 전신의 근육

① 안면근육(muscles of facial expression)

㉠ 이마힘살(전두근 frontal belly) : 전두골을 덮고 있으며, 이마에 주름을 생기게 하고, 눈썹을 위로 움직인다.

㉡ 뒤통수힘살(후두근, occipital belly) : 후두골을 덮고 있으며, 두피에 주름이 생기게 한다.

㉢ 눈둘레근(안륜근, orbicularis oculi) : 안와를 완전히 둘러싸고 있으며, 눈을 감게 하는 기능이 있다.

㉣ <u>눈썹주름근(추미근, corrugator)</u> : 미구의 내측 끝에서 시작하여 안와궁의 중앙 저부를 덮고 피부의 심층에 부착하고 있으며, 눈썹을 하방 내측으로 당기고, 미간 좌우에 주름을 만들어서 인상을 찌푸리게 한다.

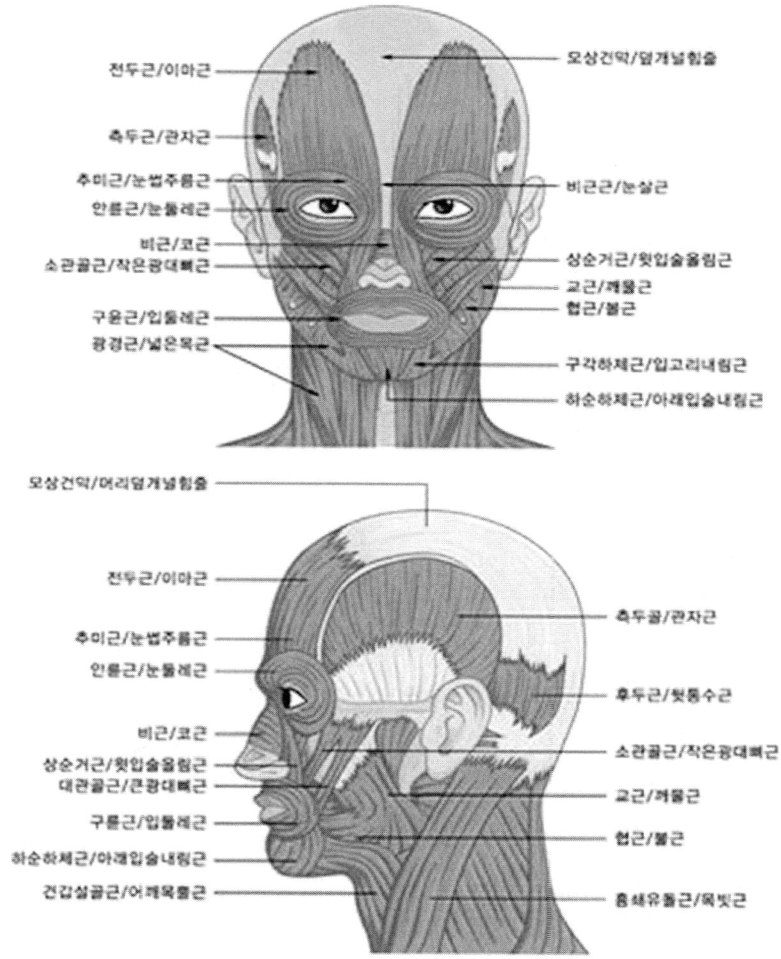

그림 12-4

㉤ <u>눈살근(비근근, procerus)</u> : 비골하부를 덮고 있는 근막과 외측 비연골의 상부를 덮는 근막에서 시작하여 콧등과 비익에서 정지하며, 비공을 넓히는 기능이 있다.

㉥ <u>볼근(협근, buccinatoe)</u> : 상 · 하악골의 치조돌기에서 시작하여 구각에서 정지

하는 볼근육으로 음료수나 젖을 빠는데 쓰이며, 입술 사이로 공기를 내보내고 담을 수 있는 기능도 한다.

ⓢ 턱끝근(이근, mentalis) : 턱의 피부에 부착하며 턱과 아랫입술을 올리고 의심하거나 불쾌할 때 턱을 주름지게 하고 아랫입술을 위로 올려 당긴다.

ⓞ 입둘레근(구륜근, orbicularis oris) : 입을 둘러싸고 있으며, 입을 다물게 하고 휘파람 또는 촛불을 끌 때 이용된다.

ⓩ 입꼬리당김근(소근, risorius) : 구각을 외방으로 당겨 볼에 보조개를 만들어 낸다.

ⓒ 광대근(관골근, zygomaticus) : 입 가장자리에서 광대뼈까지 연결되어 있으며, 구각을 끌어당겨 웃는 표정을 만든다.

② 저작근(Muscle of mastication)

㉠ 관자근(측두근, temporalis) : 머리 양쪽 옆 관자놀이부터 아래턱의 턱뼈까지에 위치한다.

㉡ 깨물근(교근, masseter) : 광대뼈궁부터 아래턱의 턱뼈각 부위까지 연결된 두꺼운 근육으로 아래턱뼈를 위로 당긴다.

㉢ 안쪽날개근(내측익돌근, medial pterygoid) : 아래턱뼈 내측에 부착하여 아래턱을 위로 바깥방향으로 당기는 역할을 한다.

㉣ 가쪽날개근(외측익돌근, lateral pterygoid) : 나비뼈의 날개돌기 바깥쪽에서 시작하여 아래턱뼈 · 목 부위에 부착하며, 턱을 앞으로 당기고 좌우로 움직이게 하는 근육이다.

③ 목의 근육(muscle of the neck)

㉠ 넓은 목근(광경근, platysma) : 안면신경의 지배를 받으며, 광범위한 넓은 목근으로 목에 주름을 만들게 하고, 구각을 하방으로 당겨 슬픈 표정을 짓게 한다. 또한 면도할 때 피부의 긴장도를 유지시킨다.

㉡ 목빗근(흉쇄유돌근, sterno-cleido-mastoid muscle) : 목의 앞쪽 측면 양쪽에 위치하며, 고개를 끄덕거릴 때나 머리를 회전시키거나 구부리는 기능을 한다.

㉢ 등세모근(승모근, trapezius muscle) : 부신경과 경신경층의 가지를 받고, 극돌기에서 기시하여 견갑극 및 쇄골에 정지한다. 견갑골을 위로 당기며 머리를 뒤나 옆으로 굽힌다.

④ 가슴의 근육

㉠ 큰가슴근(대흉근, pectoralis major)

▹ 기시하는 부위에 따라 흉골, 쇄골부와 복부로 구분할 수 있다.

▹ 깊은 호흡 시 갈비뼈를 올려 가슴 안을 넓히는 흡기(들숨)근으로도 작용한다.

▹ 부채꼴 모양의 큰 근육이며, 팔의 움직임에도 관여한다.

㉡ 횡경막(가로막, diaphragm)

▹ 복식호흡을 주관한다.

▹ 흉강과 복강을 구분하는 반구형의 근육이다.

㉢ 늑간근(갈비사이근)

▹ 외늑간근, 내늑간근으로 구분된다.

▹ 갈비뼈 사이에 위치하며 호흡하는 동안 흉곽을 들어 올리고 내리는 작용을 한다.

⑤ 어깨와 팔, 손의 근육

㉠ 삼각근(어깨세모근, deltoid)

▹ 어깨를 감싸고 있는 삼각형의 큰 근육으로 팔을 올리거나 돌리게 해준다.

▹ 근육의 위치와 크기, 혈액공급 등으로 인해 근육주사 시에 선정되는 부위이다.

㉡ 이두근(위팔 두갈래근, biceps brachii)

▹ 팔 윗부분의 앞쪽에 있는 끝이 두 갈래로 난 중요한 근육이다.

▹ 아래팔을 굽히고 들어 올려주며 손바닥을 뒤집게 해준다.

㉢ 삼두근(위팔 세갈래근, triceps brachii)

▹ 상완의 윗부분 전체를 감싸주는 끝이 세 갈래로 된 근육이다.

▹ 팔굽혀펴기나 목발보행 시 체중을 지지하기 위해 팔꿉관절을 펴는 작용을 한다.

㉣ 회전근개(rotator cuff muscles)

▹ 견갑하근, 극상근, 극하근, 소원근의 4개의 근육이 속한다.

▹ 힘줄이 상완골의 몸쪽에 커프를 덮어 어깨 관절낭을 안정화시키고 위팔 돌림을 돕는다.

▹ 가장 흔한 어깨통증인 회전근개손상(어깨충돌증후군)은 힘줄이 꼭 끼여서 염증 반응을 일으키고 통증이 발생한다.

㉤ 회내근(엎침근, pronator muscles) : 손을 안쪽으로 돌려서 손바닥을 아래로

향하게 해준다.

㉥ 회외근(뒤침근, supinator muscle) : 손을 바깥으로 돌려주고 손바닥을 위로 향하게 해준다.

㉦ 굴근(굽힘근, flexors) : 아래팔의 앞쪽에 위치하고 손을 위로 올려주며 손가락이 구부러지게 해준다.

㉧ 신근(폄근, extensors) : 아래팔의 뒤쪽에 위치하고 손목을 뻗게 해주고 손과 손가락의 폄을 한다.

⑥ 다리와 발의 근육

㉠ 대퇴의 근육

- 봉공근(넙다리빗근) : 넙다리 앞쪽을 비스듬하게 가로지르는 긴 근육으로 엉덩관절에서 다리의 굽힘, 벌림, 가쪽돌림에 관여한다.
- 대퇴사두근(넙다리네갈래근) : 넙다리 앞쪽에 위치하며 무릎관절에서 다리를 펴는데 사용하는 근육무리(대퇴직근, 외측광근, 내측광근, 중간광근)이다.
- 박근(두덩정강근) : 넙다리의 안쪽을 따라서 위치하며, 엉덩관절에서 넙다리를 모으고 안쪽돌림을 하는 근육이다.

㉡ 하퇴의 근육

- 전경골근(앞정강근) : 종아리 앞쪽에 위치하고, 발등굽힘과 발가락 신전에 관여한다.
- 장비골근(긴종아리근) : 종아리 바깥쪽에 위치하고, 발바닥굽힘과 족궁을 지지한다.
- 비복근(장딴지근) : 종아리 뒤쪽에 위치하고, 발의 발바닥굽힘(발레무용근)과 무릎에서 종아리를 굽힌다.
- 넙치근(가자미근) : 종아리의 뒷면에 위치하고, 발의 발바닥을 굽히고 발꿈치를 올리는 작용을 한다.

㉢ 다리이음뼈 근육

- 둔근(볼기근) : 대둔근, 중둔근, 소둔근으로 이루어지고 엉덩이를 이루는 근육들이다.
- 장요근(엉덩허리근) : 서혜부 근처에 위치하며, 수축하면 넙다리의 굽힘과 가쪽돌림을 한다.
- 대퇴근막장근(넙다리근막긴장근) : 넙다리의 가쪽에 위치하고, 엉덩관절에서 넙다리를 굽히고 벌린다.

3) 신경계

(1) 중추신경계

중추신경계는 뇌와 척수로 구성되어 있고 전신 활동을 직접 조절하는 중요한 중추이다. 모든 의식과 정신 작용 및 시각, 후각, 미각, 촉각, 청각과 같은 오감의 자발적인 기능 조절로 신체의 움직임과 얼굴 표정과 같은 근육의 자발적인 행동을 조절한다.

① 뇌

뇌는 감각정보를 통합해 운동반응으로 나타냄으로써 본능적인 생명활동에 있어서 중요한 역할을 하는 기관이다. 젤라틴과 같은 물질로 되어 있는 뇌는 두개골 이외에도 뇌 천수막이라 불리는 3겹의 질긴 보호막으로 둘러싸여 있다.

뇌막 사이의 공간, 뇌 내부의 공간들은 뇌척수액으로 채워져 있는데, 이 액체는 압력과 충격을 흡수하는 역할을 한다. 뇌는 대뇌와 소뇌(간뇌, 중뇌, 교뇌, 연수, 뇌간)로 구성되어 있다.

㉠ 뇌의 구조

- ▹ 대뇌(cerebrum) : 기억, 사고, 판단, 감정 조절 등의 일을 수행하며, 가장 큰 부분을 차지한다. 전두엽, 두정엽, 측두엽, 후두엽으로 구성되어 있다.
- ▹ 전두엽(frontal lobe) : 대뇌 앞쪽에 위치, 의욕, 창조, 감정의 중추로서 사고와 언어에 관한 일을 담당한다. 뇌가 활동하는 동안 여러 부위에 저장된 기억 정보들을 불러내어 작업한다.
- ▹ 두정엽(parietal lobe) : 후두엽과 중심구 사이에 위치한다. 운동, 미각, 감각의 중추로서 촉각, 통각 등 피부에서 비롯되는 신체의 감각정보를 처리한다.
- ▹ 측두엽(temporal lobe) : 대뇌의 양측면에 위치한다. 운동, 미각, 감각의 중추로서 촉각, 통각 등 피부에서 비롯된 신체의 감각정보를 처리한다.
- ▹ 후두엽(occipital lobe) : 대뇌의 뒤쪽에 위치한다. 시각의 중추로서 시각정보에 의한 형태지각 인식에 관여한다.
- ▹ 소뇌(cecebellum) : 몸의 운동을 조절하며 균형 유지에 관한 일을 수행한다.
- ▹ 연수(medulla oblongata) : 소화, 순환, 호흡을 조절하며 반사운동에 관여한다.
- ▹ 간뇌(diencephalon) : 체온, 혈압, 혈당 등을 조절하며, 수면에 관여한다.

㉡ <u>뇌의 기능</u>

▹ 대뇌 : 감각, 운동 조절, 정신 활동

▹ 소뇌 : 운동, 몸의 균형 유지

▹ 간뇌 : 체온, 혈압, 혈당의 조절, 내장 작용의 조절, 감정의 발현, 수면

▹ 중뇌 : 대뇌 작용의 조절, 자세의 유지, 안구운동의 조절

▹ 연수 : 호흡운동, 심장박동, 소화운동

② <u>척수</u>

㉠ 뇌의 각 부위로 정보를 지속적으로 전달하고 <u>뇌로부터 정보를 운반</u>한다.

㉡ 척수기능이 상실될 경우 감각활동이 없고 느낄 수 없다.

<u>(2) 말초신경계</u>

자각신경이나 운동신경은 뇌와 척추로부터 시작되어 신체의 모든 부위에 퍼져 있다. 중추신경계로부터 지시를 받거나 전달하는 역할을 한다.

① <u>역할에 따른 분류</u>

㉠ 수신기능을 담당하는 감각신경

㉡ 발신기능을 담당하는 운동신경

㉢ 자율신경

② <u>자율신경계</u>

㉠ 뇌로부터 지배 명령이 없어도 독자적인 기능을 수행한다.

㉡ <u>교감신경과 부교감신경으로 구분</u>한다.

▹ <u>교감신경</u>

- 호흡, 혈액순환, 소화, 내분비 작용과 같은 체내 기능을 조절한다.
- 교감신경 흥분 시 부신수질에서 분비되는 부신수질호르몬과 협조해서 긴급 시 대처한다.

▹ <u>부교감신경</u>

- 교감신경과 반대의 기능을 한다.
- 휴식하고 에너지 축척 시 이용되는 신경이며, 평온한 상태를 유지시켜 주는 신경이다.

4) 감각계

피부의 경우 체표를 덮은 조직으로 외계로부터 신체를 물리적·화학적으로 보호하는 동시에 전신의 대사(代謝)에 필요한 생화학적 기능을 영위하는 생명 유지에 반드시 필요한 기관이다. 피부에 대한 자세한 이론은 3장 피부의 구조와 기능을 참고하도록 한다.

Chapter

13

피부와 건강 & 식생활

1. 건강한 삶의 개념
2. 피부와 내장기관
3. 한국인을 위한 식생활 지침
4. 각 영양소의 기능과 종류
5. 피부와 영양과의 관계

CHAPTER 13

피부와 건강 & 식생활

1 건강한 삶의 개념

건강은 '삶의 질'을 높이는 기본 요소라 할 수 있다. 몸과 마음의 건강 상태를 유지하고, 건강을 지키고, 삶의 질을 높이는 기반을 마련해야 한다.

세계보건기구(WHO)는 건강에 대한 정의에서 "건강이란 병이 없거나 허약함이 없는 것만이 아니라 신체적으로나 정신적, 사회적으로 안녕한 상태를 의미한다'고 하였다.

그림 13-1

1) 피부와 생활 건강

(1) 피부와 수면

(2) 피부와 휴식

① 온몸의 휴식

② 피부 자신의 휴식

(3) 피부와 운동 : 운동은 혈액순환을 촉진시켜 피부를 깨끗하게 한다.

(4) 생리활동과 호르몬의 작용

(5) 결혼과 성

(6) 임신의 영향

(7) 생활환경

① 수면

② 술

③ 담배

㉠ 피부노화, 눈 주위, 입술 주위의 노화 촉진

㉡ 니코틴에 의한 피부 모세혈관의 혈액순환 약화와 비타민 C 파괴

㉢ 피부의 혈색이 불량해짐

㉣ 피부의 수분 상실과 피부의 긴장도 감퇴

㉤ 다량 흡연 시 위장장애와 변비 초래

2) 심리와 피부

① 연애

뇌간뇌 → 뇌하수체호르몬 → 부신피질(소화기) → 성분비의 밸런스 피부 → 기능의 왕성 → 생기 활성 → 건강한 신체 → 건강한 피부

② 실연

식욕 감퇴 → 불면증 → 피부의 기능 저하 → 저항력 약해짐 → 트러블 발생 → 혈색 불량

3) 여성의 나이와 노화

(1) 30대

20대 후반부터 노화 진행에 대한 신체 저항력이 약화되기 시작한다.

① 건강문제 : 요실금 같은 비뇨기 계통의 이상 증세와 출산으로 인한 부인병 유발 가능성이 높아진다.

② 신체적 변화 : 눈가의 잔주름과 기미가 나타나기 시작하고, 시력이 저하되고, 칼슘 부족으로 몸의 이상 증세가 나타나기 시작한다.

(2) 40대

① 목의 주름과 흰머리가 생기기 시작한다.

② 칼슘 부족으로 골격과 치아가 약해진다.

(3) 50대

① 깊은 주름이 형성된다.

② 피부 색소침착, 호르몬 분비 기능이 저하된다.

(4) 60대

얼굴 전체의 수분 부족(탈수상태) → 건성노화 심각 → 얼굴의 주름이 깊어짐 → 피부가 거칠어지고 비듬이 많이 생성 → 간기능의 약화로 황달 증세 → 정기적인 건강진단 필요 → 과다한 자외선 노출 방지 → 저지방 식품의 섭취 필요

2 피부와 내장기관

1) 질병과 피부의 변화

(1) 위장장애

(2) 변비

(3) 간장기능 저하

(4) 신장질환

(5) 당뇨병

(6) 스트레스

2) 내분비기관

(1) 부신피질

① 스트레스에 저항하여 체력 보호

② 피부병, 습진, 소양증의 염증 제거

③ 면역력

④ 부신피질 과다 시

㉠ 털성장 촉진

㉡ 모세혈관 확장, 피부파괴 증상

(2) 갑상선

① 부족 시 : 피부건조, 피부 위축 후 조로현상

② 과다 시 : 피부과민 증상

(3) 뇌

① 뇌하수체호르몬
② 각 기관 성장, 재생과정, 신진대사, 혈관과 근육조직의 긴장 및 전체 호르몬 기능 주관

3) 배설기관

(1) 신장

① 체내의 노폐물 제거
② 체내수분 및 전해질 양과 삼투압, 농도 조절
③ 산 - 염기 평형에 기여
④ 체액의 항상성 유지
⑤ 요의 형성

(2) 간

① 주요 기능은 담즙색소를 배출하는 것
② 인체의 신진대사에 중요 역할 수행
③ 물과 무기질의 조절
④ 호르몬 균형의 유지
⑤ 비타민의 생성
⑥ 저장과 파괴

(3) 피부

땀을 통한 분비로 체내 노폐물 배출 기능

(4) 대장

① 소장에서 소화된 음식물의 영양성분을 흡수하고, 나머지 물질 중 수분과 전해질을 흡수한 후 나머지 찌꺼기 배설 기능

② 중독성 피부병, 여드름 형태의 발진

(5) 폐

호흡활동을 통한 이산화탄소 배출

4) 소화기관

① 위에서 70%의 소화 상태로 소장으로 운반되어 소장에서 최종 소화 흡수
② 간에서 답즙, 췌장에서는 효소를 분비하여 소화를 돕게 하며, 소화되지 않은 음식물과 노폐물은 대장으로 이동하여 각 비뇨기계의 역할로 체외로 배출

5) 생식기관

① 남성 : 테스토스테론
② 여성 : 에스트로겐
　㉠ 여성다움의 피부와 체형을 유지
　㉡ 유전적 요인, 스트레스 등으로 인한 테스토스테론의 분비량이 과하면 지성피부, 여드름 피부
　㉢ 질병과 피부의 변화

3 한국인을 위한 식생활 지침

(사)한국영양학회에서는 한국인의 영양섭취 기준을 다음과 같이 권장하고 있으며, 제한하는 음식들도 소개하고 있다.

1) 권장사항

(1) 매일 골고루 각 식품군을 섭취할 수 있도록 한다.
(2) 활동량을 늘리고 건강 체중을 유지할 수 있도록 한다.

(3) 위생적이고 안전한 음식을 적절하게 섭취하도록 한다.

2) 제한사항

(1) 짠 음식은 줄이고, 음식을 싱겁게 먹도록 한다.
(2) 지방이 많은 고기나 튀긴 음식 섭취를 줄이도록 한다.
(3) 음주의 횟수와 양을 제한할 수 있도록 한다.

3) 웰빙과 로하스의 삶을 위한 웰빙 생활습관

(1) 웰빙(well-bing)의 개념

육체적, 정신적 건강의 조화를 통해 행복하고 아름다운 삶을 추구하는 삶의 유형이나 문화를 말한다.

(2) 로하스(LOHAS)의 개념(lifestyle of health and sustainability)

정신적 · 육체적 건강과 함께 환경보전(環境保全)을 중시하는 생활 방식을 뜻한다.

(3) 웰빙생활 습관(미국 스콧 니어링 박사)

① 적정량의 저지방과 유기농식품 섭취에 힘쓰도록 한다.
② 흡연 삼가, 절주 및 금주를 실천하도록 한다.
③ 천연화장품과 천연세제를 사용할 수 있도록 한다.
④ 자주 환기를 시켜 쾌적한 실내 환경을 유지하도록 한다.
⑤ 1주일에 3회 이상 규칙적인 운동을 시행하도록 한다.
⑥ 가족간의 화합을 통한 행복지수를 높일 수 있도록 한다.
⑦ 동료간의 과도한 경쟁을 되도록 피하고, 자신의 목표를 세워 목표를 달성할 수 있도록 한다.
⑧ 일찍 기상하여 클래식 음악, 독서, 명상, 공연관람 등 취미생활로 스트레스를 풀 수 있도록 한다.
⑨ 정기적인 사회봉사 활동으로 보람을 느끼고 마음의 기쁨과 평화를 유지할 수 있도

록 한다.

⑩ 주말농장 등 교외 활동으로 가족과 함께 즐거운 시간을 보낼 수 있도록 한다.

그림 13-2

4) 식품의 역할과 조건

(1) 식품의 역할

① 올바른 식품 선택과 균형 잡힌 식생활은 생명과 건강 유지에 매우 중요한 역할을 한다.

② 섭취하는 식품의 종류가 성격이나 지능, 정신활동에 영향을 미친다고 할 수 있다.

(2) 식품이 갖추어야 할 조건

① 식품은 사람에게 필요한 영양소를 한 가지 이상 가지고 있어야 한다.

② 유해하지 않은 천연식품, 반조리식품, 조리식품, 가공식품 등을 총칭한다.

③ 영양가, 안전성, 기호성, 경제성, 기능성 등의 조건을 갖추어야 한다.

(3) 로하스를 생각하는 소비자의 제품선택과 기준

① 친환경적인 제품 선택을 하도록 하다.
② 환경보호에 적극적인 제품을 구매하도록 한다.
③ 재생원료를 사용한 제품을 구매하도록 한다.
④ 지구 환경에 미칠 영향을 고려하여 구매하도록 한다.
⑤ 로하스 소비자의 가치를 공유하는 기업제품을 선호하도록 한다.

5) 식품의 선택과 보관

(1) 식품의 표시

식품, 식품첨가물, 기구와 용기 · 포장지에 문자 · 숫자 또는 도형을 기재하여 표시하여야 한다.

① 식품표시의 중요 역할
㉠ 식품의 제품명, 원료, 유통기한, 보존 방법, 영양성분 등의 정보들을 제공한다.
㉡ 식품의 건전한 유통과 안전성을 확보한다.

(2) 식품의 유통기한

① 식품의 제조 · 유통업자가 소비자에게 유통하거나 판매하는 것을 허용하는 마지막 날을 기재한다.
② 식품의 제조일자, 포장일자, 품질유지기한, 소비기한 등을 표시한다.

(3) 식품의 원재료 표시

① 식품을 만들 때 많이 사용한 순서에 따라 원재료명(식품첨가물 포함)을 다섯 가지 이상 표시하도록 규정하고 있다.
② 식품첨가물의 경우 다른 원재료와 구별 없이 표시하기도 하고, 사용량이 적을 경우 표시하지 않기도 한다.

(4) 식품의 영양 표시

① 영양성분 표시, 영양강조 표시, 건강강조 표시 등을 포함하여 나타내도록 하고 있다.

② 표시대상 식품은 건강기능식품(특수 영아보충식품, 건강보조식품 등)과 기타 영양 강조 표시가 필요한 식품들이라 할 수 있다.

6) 유전자 변형 식품(genetically modified organism, GMO)

(1) 유전자 변형 농산물

특정 작물에 없는 유전자를 인위적으로 결합시켜 새로운 특성의 품종으로 개발하는 유전공학적 기술로 재배된 농산물을 말한다.

(2) 유전자 변형 식품

유전자를 조작하여 병충해 저항력을 높이거나 열매를 더 크게 만들고, 성분을 획기적으로 개선시킨 농산물 또는 그 농산물로 만든 음식을 말한다.

4 각 영양소의 기능과 종류

1) 탄수화물

(1) 에너지원, 혈당 유지, 지방과 단백질을 만드는 주원료, 세포구성 물질

(2) 과다 섭취 시 간과 근육에 글리코겐 형태로 저장되며, 그래도 과잉 시 지방으로 전환된다.

(3) 식단의 65%만 섭취 권유

2) 지방

(1) 에너지원

(2) 신체의 장기 보호, 항체 형성, 체온 조절, 피지선의 기능 조절, 피부의 건조 방지

(3) 포만감 및 지용성 비타민의 흡수에 도움을 준다.

3) 단백질

(1) 에너지원, 인체를 구성하는 물질

(2) 성장, 마모되는 세포원형질 보충, 생리기능을 조절, 면역기능, 체액 균형 유지

(3) 부족 시 : 성장 부진, 체중 감소, 근육 쇠약, 저항력 감소, 부종, 빈혈, 피로

(4) 과잉 시 : 지방으로 전환, 체중 증가, 고혈압, 체온 상승, 신경과민

4) 무기질

(1) 신체의 생리기능 조절, 우리 몸을 구성하는 성분

(2) 산 · 염기의 균형, 체액균형 유지, 신체에 일어나는 여러 반응의 촉매 작용

(3) 칼슘

① 골격과 치아의 주성분

② 혈액응고, 근육의 수축 · 이완, 신경전달, 세포막 투과성 조절, 비타민 B12 흡수에 관여한다.

(4) 인

① 핵산과 세포막 구성 성분

② 칼슘과 함께 골격과 치아의 형성에 관여한다.

③ 영양소의 흡수와 운송

④ 산 · 염기의 균형 조절

⑤ 탄수화물과 지방대사에 관여한다.

(5) 나트륨

① 체내수분, 산 및 알칼리의 균형 유지

② 근육의 탄력성 유지, 신경자극전달, 소화액 · 위산분비 촉진, 일사병을 예방한다.

③ 과잉섭취 시 : 신장병의 원인

(6) 철분

① 헤모글로빈 구성물질, 피부혈색과 관련이 있다.

② 결핍 시 : 빈혈

(7) 요오드

① 갑상선호르몬의 구성성분

② 갑상선과 부신의 기능을 보조한다.

③ 모세혈관 기능 정상화

④ 탈모 예방

⑤ 모발 건강에 도움을 준다.

5) 비타민

비타민은 체내 생화학반응의 보조효소, 생리 작용 조절, 성장 유지에 도움을 주는 영양소이다. 아주 적은 양으로도 건강을 유지하는데 충분하며, 신체의 건강과 밀접한 관계를 가진다(특히 피부).

(1) 지용성 비타민의 기능

① 기름에 잘 용해되고, 간과 지방조직에 저장되므로 매일 섭취할 필요는 없다.

② 결핍 시 : 서서히 증상이 나타난다.

③ 과잉 시 : 중독증상이 있다.

(2) 지용성 비타민의 종류

① 비타민 A(레티놀) : 동물의 성장 및 피부와 점막의 상피세포형성 재생 및 유지, 야맹증, 각막 건조증, 결막염, 망막의 변성

② 프로비타민 A(카로틴) : 비타민 ADML 전구물질

③ 비타민 D(칼시페롤) : 일광비타민, 골격과 치아 형성과 유지, 결핍 시 구루병

④ 프로비타민 D(에르고테롤) : 비타민 D의 전구물질, 자외선을 쬐면 비타민 D 형성

⑤ 비타민 E(토코페롤) : 항산화제로 노화방지, 결핍 시 불임증, 피부 영양장애

⑥ 비타민 F(리놀레익산) : 필수 불포화지방산, 항피부염 인자, 콜레스테롤 농도를 낮춘다.

⑦ 비타민 K : 항출혈성 인자, 혈액응고 인자

(3) 수용성 비타민의 기능

① 물에 잘 용해된다.

② 필요량 외에는 저장되지 않고 소변으로 방출되므로 매일 섭취한다.

③ 결핍 시에는 그 증상이 비교적 빠르게 나타난다.

④ 조리 시엔 영양소의 손실이 클 수 있기 때문에, 조리법을 잘 알아두어야 한다.

(4) 수용성 비타민의 종류

① 비타민 B1(티아민) : 탄수화물이 에너지 대사에 필요한 보조효소, 성장을 촉진한다. 결핍 시 각기병, 식욕부진, 피로, 설사 증세가 나타난다.

② 비타민 B2(리보플라빈) : 철분과 엽산의 대사 도움, 집중력과 기억력에 좋으며, 성장 촉진 비타민이다. 결핍 시 설염, 구순염, 구각염, 피부병, 우울증 등이 나타난다.

③ 비타민 B3(나이아신) : 에너지 대사에 관여, 지방분해효소, 신경안정 작용을 하며, 육류에 많이 함유되어 있다. 결핍 시 구추, 설사, 우울증 등이 나타난다.

④ 비타민 B5(판토텐산) : 에너지 대사에 관계되는 효소반응의 보조효소를 구성한다. 결핍 시 구내염, 피부염, 신경과민증 등이 나타난다.

⑤ 비타민 B12(엽산) : 적혈구 생성, 세포대사에 필수적인 효소, DNA 합성에 관여하며, 결핍 시 탈모, 습진, 신경과민, 지방대사 부진, 지방간, 불면증, 저혈당증 등이 나타난다.

⑥ 비타민 B14(이노시톨) : 지방대사 촉진, 뇌신경계 유지, 모발의 건강, 혈압 정상화에 관여하며, 결핍 시 탈모, 습진, 신경과민, 지방대사 부진, 지방간, 불면증, 저혈당증 등이 나타난다.

⑦ 비타민 C(아스코스빅산) : 체단백 합성 작용, 콜라겐 형성, 항산화 작용, 미백 등에 관여하며, 결핍 시 괴혈병, 저항력 약화 등이 나타난다.

⑧ 비타민 H(비오틴) : 성장인자, 난백증에 의한 피부장애나 성장 지체에 유효하다.

⑨ 비타민 L : ZN, CD, NI, Hg, CU, Pb 등의 정성·정량분석의 시약으로 이용된다.

⑩ <u>비타민 P</u> : 모세혈관 강화, 플라보노이드 색소, 자반병의 치료약으로 사용된다.

6) 물

(1) 인체의 가장 많은 성분으로 체중의 약 60%를 차지한다.
(2) 열량이나 기타 영양소로서의 가능은 없으나, 생명유지 및 세포 분열에 필수인 성분이다.
(3) 정상적 신진대사를 수행한다.
(4) 소화기의 적정 상태를 유지하고, 소화 · 흡수에 관여한다.
(5) 체온을 조절한다.
(6) 피부미용적 효과 : 각질층 수분 함유, 부족 시에는 건조 피부, 소양감, 잔주름, 피부트러블이 일어난다.

7) 식이요법

(1) 식물성 식품에만 함유, 소화효소에 의해 소화되지 않으며, 몸에서는 생성되지 않은 성분이다.
(2) 장의 연동운동 촉진, 배변활동 활성화, 변비 예방, 대장암 예방, 포만감, 비만 예방, 콜레스테롤 수치, 심장병, 고지혈증 등을 예방한다.
(3) 과잉섭취 시 지나친 장운동으로 무기질의 흡수 및 이용률이 저하된다.
(4) 부족 시 변비, 대장염, 맹장염, 비만, 성인병 발생 위험도 증가한다.

5 피부와 영양과의 관계

피부는 림프계와 혈관계로부터 영양을 공급받는다. 영양 상태가 좋으면 피부조직이 정상적으로 기능을 발휘하고, 혈색 · 얼굴빛이 좋다. 반대로 영양 상태가 결핍이면 진피층의 콜라겐과 엘라스틴이 약화되고, 탄력이 저하된다.

또한 피하지방세포가 얇아져 피부층의 함몰을 야기하며, 모낭염, 뾰루지, 건조화, 색소침착, 모세혈관 확장증이 발생한다.

모발의 건조로 인해 탈색되며, 심하면 탈모가 일어나고, 손 · 발톱이 얇아지고 약해진다.

1) 체형과 영양의 관계

(1) 특징

하루에 필요한 영양소와 열량은 연령, 체격, 활동량 등에 따라 각기 다르다. 자신의 기초 대사량과 활동량을 계산하여 적절한 영양소 섭취가 중요하다.

① 부족 시 : 저체중증, 근무력증, 피로
② 과다섭취 시 : 비만, 여러 가지 성인병의 원인

(2) 비만의 원인

유전, 질병, 에너지 섭취와 소비의 불균형, 스트레스, 식사습관

(3) 비만의 분류

① 원인별 : 단순성 비만(섭취 > 소비), 증후성 비만(질병, 유전)
② 분포별 : 상반신 비만, 하반신 비만, 내장지방형 비만, 피하지방형 비만

(4) 비만증관리

① 식이요법 : 지방과 탄수화물의 섭취를 줄이고, 양질의 단백질 섭취를 늘린다. 충분한 수분과 무기질, 비타민 섭취, 저염식 식사를 소량으로 자주한다.
② 운동요법 : 체조직 구성의 변화, 산소운반능력 증가, 심리적 스트레스가 감소한다.
③ 행동요법 : 생활 방식을 올바로 분석하여 자연적으로 과잉의 음식 섭취를 막는다.
④ 비만관리 : 전신림프 매뉴얼 테크닉, 사우나, 저주파 기기, 초음파 기기, 슬림 기기를 이용하여 지방분해 효소 크림, 아로마 오일, 테이프나 붕대요법 등을 통해 비만을 관리한다.

2) 적절한 미용식이와 칼로리

피부세포의 성장 및 증식을 위해서는 적절한 영양분의 종류와 양이 필요하다. 식품은 계절식, 조화식, 완전식, 선택식, 적량식의 방법으로 선택한다.

① <u>칼로리</u> : 신체가 일을 하기 위해 사용되는 에너지의 작은 단위(성인 여성은 하루 평균 2,000kcal, 성인 남성은 2,500kcal 소모)

② <u>기초대사량</u> : 생명 유지를 위한 최소한의 에너지량(보통 1,600kcal)

③ <u>약알칼리 식품</u> : 감자, 양배추, 버섯, 완두, 호박, 연근, 두부, 사과, 배, 복숭아

3) 질병과 피부의 변화

(1) 위장장애

위가 아프다, 묵직하다, 뭉클하다, 가슴앓이가 있다, 가끔 배가 아프다, 갑자기 여윈다, 설사를 한다, 피변을 본다는 등의 위장장애 증세가 있다면 내과 진찰을 받아보는 것이 좋다.

① 위가 나쁠 경우 입술이 거칠어지고 턱 등에 여드름 같은 문제가 발생한다.

② 코의 모세혈관이 확장되어 빨갛게 되고, 코와 코 주위, 입 주위 모공에 지방이 축척되어 여드름 같은 증상이 생기는 수가 많다.

(2) 변비

① 음식물이 소화기관 속에서 소화·흡수되어 그 잔재는 가스로 배출하고, 나머지는 변이 되는데, 그 나머지 가스 중에는 배출되지 않고 몸속에 남아 있으며, 몸에 해로운 물질이 많이 포함되게 된다.

② 변비가 있으면 유해물질의 일부가 장으로 흡수되고, 혈액에 혼합되어 몸속으로 운반된다.

③ 피부는 거칠어지고 여드름이 발생한다. 매일 아침 찬 우유, 주스, 생수 등을 한 컵씩 마시거나, 과일 한 두 개라도 반드시 먹고 아침식사를 해야 하며, 식사 후 변의가 없어도 반드시 용변을 보는 것이 좋다.

(3) 간장기능 저하

① 간의 기능 중 하나는 비타민, 단백질, 당분 같은 영양소를 방출해서 인체 내에서 부족하지 않도록 조절한다. 간에 이상이 오면 피부에 필요한 비타민 부족을 초래하고, 피부를 거칠게 만든다.

② 간은 해독 작용을 한다. 유독물질 침투 시 어느 부위에 문제가 생겨 건강할 때 없었던 유독물질이 인체에 해를 끼치지 않게 해독 작용한다. 간 기능이 저하되면 일광 과민증, 기미, 부스럼, 피부 거칠음이 생긴다.

(4) 신장질환

① 신장은 몸속의 수분을 조절하고 몸속에서 불필요한 분해물질을 소변을 통해 배출하는 작용을 한다.

② 신장이 나쁘면 피부에 수분이 많아져서 붓게 되거나 윤기가 없어지고 동시에 혈액에 유독물질이 많이 생겨 피부도 거칠어진다.

(5) 당뇨병

① 당뇨병은 췌장 속 랑게르한스섬(인슐린 분비)이라는 내분비기관의 질환으로 당분대사가 잘 되지 않는 질환이다.

② 당뇨병이 있으면 부스럼이 나기 쉽고 피부가 거칠어진다.

(6) 스트레스

① 여러 가지 원인에 의하여 스트레스를 받게 되면 정상적인 기능에 문제가 발생하는 것이 자율신경이다. 내분비기능 등에 나쁜 영향을 주어 호르몬의 균형이 깨지고, 수분 조절이 불량해진다.

② 마음이 즐겁고 사랑을 하게 되면 몸 전체에 좋은 작용을 하여 생생하고 아름다운 피부를 갖게 된다.

4) 피부와 생활건강

의료진이 환자를 진찰할 때 피부 상태를 살펴보고 신체의 질환을 진단하는 것이 견진법이다. 사람의 두발이나 동물의 털에 윤기가 흐르면 건강 상태가 좋다고 보는데, 이와 같이 피부는 건강의 척도가 되며, 아름다운 피부를 위해서는 신체건강이 기본이 된다.

(1) 피부와 수면

① 수면은 하루의 피로를 완전히 회복시키는데 꼭 필요하다.

② 잠을 설치면 피부에 윤기가 없고, 탄력성이 저하되고, 피부색도 검고, 누런색을 띠게 된다. 특히 불면증은 피부에 있어서 가장 큰 적이다.

③ 건강하고 윤택 있는 피부에는 충분한 수면이 필수적이다.

(2) 피부와 휴식

피로도 수면 부족과 마찬가지로 피부의 최대의 적이다. 피곤하게 되면 몸의 기능에 미묘한 변화가 오며, 그 결과 피부에 악영향을 주어 탄력이나 윤기가 없어지고 거칠어진 피부가 된다.

메이크업은 클렌징 로션이나 크림 등을 도포하여 지운 다음 물 세척으로 표면과 모공까지 청결히 세안하여 피부 호흡을 활발히 할 수 있도록 환경을 만들어 준다.

① 온몸의 휴식

㉠ 수면으로 인해 피부, 내장조직 기관들이 완전히 휴식하는 것이다.

㉡ 세포 생성은 밤에 더 활발하다.

(3) 피부와 운동

적당한 운동을 마친 후 피부 상태를 살펴보면 혈색이 좋고, 생생하며 평소보다 더욱 깨끗하고 건강해 보인다.

① 운동은 혈액순환이 좋아지고 피부의 신진대사를 촉진시킨다.

② 피하의 모세혈관을 흐르는 혈액이 엷은 피부를 통하여 보이기 때문에 피부의 색깔을 맑게 해주게 된다.

③ 운동은 혈액순환을 촉진시켜 피부를 깨끗하게 할 뿐만 아니라 식욕이 좋아지고 위장의 소화를 돕고, 숙면을 하게 되어 간접적으로도 피부에 좋은 영향을 준다.

(4) 생리활동과 호르몬의 작용

① 인체에 어떤 질환이 생기거나 정신적인 쇼크를 받거나 사고가 생겨서 생리가 불규

칙하게 되면 여드름이 나타나고, 화장이 잘 받지 않는 등 피부에 변화가 일어난다.

② 유년기는 남자나 여자 사이에 피부의 성질에는 차이가 없고, 생리가 시작되는 사춘기가 되면서부터 여드름이 나기 시작한다.

③ 갱년기가 되면 호르몬의 불균형이 생겨 턱 부분에 여드름 같은 문제가 생겨 곤란을 겪는 경우가 자주 있다.

㉠ 특히 생리가 시작되기 전 여드름이 생기고 피부가 거칠어지기 쉽다.

㉡ 실제로 생리 1주일 전부터 불완전하게 되는 사람이 많다.

㉢ 이 시기에는 알레르기가 일어나기 쉽고, 평소에는 아무렇지도 않던 화장품에도 부작용이 생기고 피부가 거칠어진다.

㉣ 심하면 하복부에서 대퇴부까지 또는 전신에 습진이 생기는 사람도 있다. 그러나 이러한 현상은 대부분 곧 자연치유가 된다.

(5) 결혼과 성

① 생애의 반려자를 얻은 안심과 남편의 사랑, 애정 생활에서 오는 행복감, 이러한 환경이 교감신경, 부교감신경의 균형을 잘 조절해 주고 만족한 성생활에서 오는 호르몬 분비와도 깊은 관계가 있다.

② 영양가 높은 좋은 식사 등의 복합 요인이 신혼여성의 피부를 건강하고 화사하게 만든다.

③ 신혼부터 어려운 살림, 과로 등은 오히려 정신적인 스트레스와 겹쳐 피부 상태를 더욱 나쁘게 할 수도 있다.

(6) 임신의 영향

① 임신은 병은 아니지만 몸에 여러 가지 변화가 일어나고 피부에도 중대한 영향을 미친다.

② 임신 초기 구토증이 있는 시기에는 습진이나 두드러기 현상이 일어나기 쉬운데, 비타민 A, B가 태아에게 소비되어 산모에게 부족하기 때문이다.

③ 임신 중 생기는 기미는 출산 후 약 2개월 후에는 자연히 없어지나 임신이 반복되면 그대로 남게 된다.

④ 출산 후에는 복부 표면에 균열이 생기는데, 이는 복부의 피부가 늘어나서 생기는 것이다. 피부의 탄력이 없어지고 처음에는 붉은 색깔이나 출산 후에는 흰 색깔로 변해서 그 자국이 튼살로 변하게 된다.

⑤ 임신 초기에 가벼운 복부마사지를 통하여 다소 예방할 수 있다.

⑥ 임신중독이나 습진, 부스럼이 생기기 쉽다. 임신 중에는 가벼운 화장으로 피부를 보호하는 것도 좋다.

참 고 문 헌

강수경 외(2002). 피부관리학. 청구문화사.

고재숙 외(2000). 피부과학. 청구문화사.

김광옥 외(2006). 피부관리학 이론 및 실기. 청구문화사.

김기갑 외(2005). 피부미용학. 형설.

김기연 외 공저(2013). 뷰티테라피. 현문사.

김기연 외(1997). 피부관리학Ⅰ. 수문사.

김기연 외(2015). 피부관리학. 수문사.

김기영, 김봉인, 권혜진(2012). 미용인을 위한 NEW 해부생리학. 메디시언.

김남연 외 12인 공저(2007). 최신 한방미용학개론. 청구문화사.

김남연 외 6인 공저(2014). 기초피부관리실습. 구민사.

김남연(2012). 피부관리학. 구민사.

김남연(2013). 피부미용개론. 구민사.

김남연(2014). 현대인들을 위한 식생활과 건강. 구민사.

김남연, 김종임(2009). 최신피부미용. 광문각.

김남연, 박은정, 장순남, 부애진(2019). 최신 공중보건학. 구민사.

김명숙(2003). 피부관리학. 현문사.

김봉인, 장문정, 김명숙 외 2인(2006). 피부과학. 형설

김봉인 외 8인 공저(2012). 메디컬 에스테틱. 메디시언.

김종대, 권혁미, 김명숙 외 2인(2000). 최신피부관리학. 고문사.

김종임 외(2005). 피부미용 실습서 Ⅰ, Ⅱ. 정담미디어.

김주섭, 김찬수, 임대진 외 3인(2013). 두피모발 관리학. 구민사.

김춘자(2003). 피부미용학. 훈민사.

노민희, 용준화, 이용덕(2002). 인체해부학. 정담.

대학피부과학회(2008). 피부과학. 여문각.

안남훈 외 4인 공저(2006). 홀리스틱경락관리학. Holism.

유광석(2008). 탈모 메커니즘. 다모.

유광석(2008). 탈모증별 상담과 실습. 다모.
이동자 외 6인 공저(2013). 뷰티응용테라피. 교육과학사.
이성옥 외(2008). EBS 방송강사집필교재 피부미용기기학. 느낌이 좋은책.
이성옥 외(2008). EBS 방송강사집필교재 피부미용학. 느낌이 좋은책.
이성옥 외(2008). EBS 방송강사집필교재 피부학. 느낌이 좋은책.
이성옥 외(2008). EBS 방송강사집필교재 화장품학. 느낌이 좋은책.
이순녀, 장윤희(2010). 모발과학. 서우.
이숭호, 이현준 외 4인(2015). 현장중심 실전 두피모발관리학. 두피가발문화연구센터.
이은주, 김경영, 김은주 외 1인(2013). 피부질환 진단과 관리. 구민사.
이재남, 이혜영(2013). 기초피부관리학. 구민사.
임난영, 권영은, 김정아 외 6인(2012). 미용인을 위한 해부생리. 정담.
조성일(2004). 두피 & 탈모관리학. 리그라인.
채순남 외(2010). 피부미용기기학. 정담미디어.
최윤경, 하병조, 김유정(2014). 해부생리학. 구민사.
하병조(2016). 화장품학. 수문사.
한영숙, 최태부, 이연희, 김춘자, 김주연, 장미혜 공역(2014). 피부학. 정담미디어.
한채정, 권혜영, 김선옥, 전영선, 장문정(2010). 피부미용학. 훈민사.